你不知道的自己

心理学入门书

曾奇峰 著

北京联合出版公司
Beijing United Publishing Co.,Ltd.

图书在版编目(CIP)数据

你不知道的自己 / 曾奇峰著 . —北京：北京联合出版公司，2023.11（2024.2 重印）
ISBN 978-7-5596-6839-4

Ⅰ . ①你… Ⅱ . ①曾… Ⅲ . ①心理学—通俗读物
Ⅳ . ① B84-49

中国国家版本馆 CIP 数据核字（2023）第 058782 号

你不知道的自己

作　　者：曾奇峰
出 品 人：赵红仕
责任编辑：徐　鹏

北京联合出版公司出版
（北京市西城区德外大街 83 号楼 9 层　100088）
河北鹏润印刷有限公司印刷　新华书店经销
字数 270 千字　880 毫米 ×1230 毫米　1/32　12.875 印张
2023 年 11 月第 1 版　2024 年 2 月第 2 次印刷
ISBN 978-7-5596-6839-4
定价：68.00 元

目录

04 当性福来敲门，亲密关系的秘密 / 235

05 没有深情，就没有真正的深刻 成为真正的“人的医生”/ 303

序一　那不经意的一瞥

二十五年前，我第一次认识曾奇峰，他就开始做我的督导。刚开始，他指导我好好吃饭，学习照顾自己的身体。后来，我学习和实践心理动力学，每每遇到困难个案，千里之遥也会叨扰他，他总是耐心指导我如何认真探索和深入理解人的心灵。

他是我最好的督导师，因为他的话让我无法忘记。我分析个案的时候，偶尔卡在什么地方，不等到打电话去问他，他的话就在脑海里回响起来。很多年前，李孟潮曾经告诉我，他是怎么“使用”曾奇峰的。他说：“咨询做到某个阶段，我会安排暂停五分钟，走到走廊，点上一支烟，深深吸一口，默默地想，如果曾奇峰在现场，他会怎么做。通常，我回到咨询室后，咨询中的难题就得到解决了。”

在我的印象中，没有曾奇峰解决不了的咨询问题。他曾经站在香港大学家庭研究院的讲台前，面对满满一屋子的听众，小声问并肩而立的施琪嘉：“你说，咱们能回答问诊者的一切问题，是什么障碍？”我也曾在清华大学高校心理咨询师培训的现场，小声问他：“那么多咨询师盛赞你的工作，你有什么感受？”他真诚地看着我说：“那跟我有什么关系？”

这些年来，我的咨询能力提升了，我觉得跟他的督导有关系，他也许觉得没有关系。而今，我从一个系统性的心理咨询师的角度来看，发现觉得有关系、觉得没关系，都是一种重要的关系。

北京大学心理学系临床心理学博士

原清华大学心理发展指导中心副主任

德国德中心理治疗研究院副主席

刘丹

序二　有凌厉的山峰，有绿草树木，有……

中国临床心理治疗的发展，与“中德高级心理治疗师连续培训项目”不无关系。这个项目成就了国内一线心理治疗师中的一批“种子队员”。而其中，曾奇峰以其勤奋执着，建树颇丰。

心理世界被认为比宇宙更浩瀚，因此，要成为心理治疗师不是那样轻松而随意的，它的难度往往超出我们当初的估量。

到写这篇序时，我才意识到我与曾奇峰相识多年，都不曾细细聊过他，我还不能在心中勾勒出他从过去到现在的清晰脉络。为什么不曾聊？应该有很多机会，或许曾奇峰并没有把这个机会给任何人。

是什么力量让这位同济医科大学的才子在一毕业就选择了精神科，之后又毅然辞职，创办了武汉中德心理医院，后来又远渡重洋，赴德国深造？当时，真正面对训练治疗师时，他并没有开始自我体验。当时他失眠了……

其实，不曾深切体会心灵的跌宕起伏，便不能体会人类灵魂炼狱般挣扎的苦难，也就不会有以解救这种痛苦为己任的长久动机。只是，有同样经历者中，心灵麻木者无从感受，心智羸弱者纠缠沉沦、难以自拔，唯有灵性敏感而又坚韧自强者，方可越出桎梏、抽身回溯，不仅自明，而且会救他人于水深火热之中，从而具备成为优秀的心理治疗师的潜质。完成这个转变的捷径之一——接受自我分析。

后来，曾奇峰的网页上有了各式各样的文章。我体会到他的内心在缓缓地变化着。他能用那样机警、睿智的语言表达心理现象和人生经验，如同寓言般将心理学常识由浅入深、生动活泼地娓娓道来，无疑，有些能量在升华着：那些凌厉的山峰间有了厚土，有了绿草树木。此刻让我想起乘旅游大巴从旧金山到洛杉矶的途中，见到起伏的山峦盖着如绿绒毯般的草木，生机盎然却平静祥和。

很高兴这些文章今天结集出版了。无须多言，曾奇峰是优秀的科普作家。不仅如此，其文章内容涉猎古今中外，以小见大、由远而近，文笔淋漓尽致、凝练老到。他是优秀的杂文作家，而我更愿意把他看作心理治疗师，欣喜地看着他在中国心理治疗事业上的历程。

中国心理卫生协会精神分析专业委员会首任理事长

上海精神卫生中心前院长

肖泽萍

序三　奇峰？奇峰！

第一印象

初识奇峰，是在二十多年前的“中德高级心理治疗师连续培训项目”中，他是在整个连续培训项目中间加入进来的，第一印象有点像是来踢场子的。后来我的感觉是来了一个内心肩负着重大使命又身怀武功的愤青。之所以这么说，是因为我从他的目光中看到的多是冷峻，还有，他的文字、谈吐风格也是冷峻、犀利、极具洞察力的。但那时候我还年轻，读不懂这些背后那些柔软和深情的部分。因此，在当时的情境中，可以说，那是一个我所不知道的奇峰。

第一个疑问

我和奇峰的情谊是从中德班的学习过程中开始的。参加一个培训项目，特别有意思的是学习之余大家的互动过程。课余，大家必然会经常一起胡吃海喝，天南地北胡侃。一次，奇峰说到，他在做武汉中德心理医院院长时，因为工作需要（肯定也是内心需要），经常在江湖上和三教九流的人打交道，感觉像是很能在场面上混的那种人。初听到时，我有一点敬佩，年纪轻轻，就做了院长，而且很有那种在中国做一个院长的素质……但同时，我看着他，感觉不像啊！我内心是有疑惑的，这么一个偏文弱书生的年轻愤青，怎么也不像是那种很世故的、有“社会功能”的人。是我看不起他吗？我始终认为，在这方面他是肯定达不到我这种俗人才会有的水平——不是一个级别的，关键是画风不一样。奇峰是文艺范学者型的。但是，他为什么要给别人这么一种印象呢？我至今没有就此问题与奇峰对质过，这已经不重要了。

一起混江湖

2003 年，全国心理咨询师培训高潮启动。我因为也负责我们医院这一块工作，想把心理咨询师考证培训工作做得与众不同一点，在考证培训中额外加入了几天精神分析的理论、技术及小组体验，请来了奇峰、琪嘉、晓波等众兄弟，当然不仅仅有兄弟，还有蕴萍、晓明等众姐妹。在那几年中，我们还组合着去全国各地传播精神分析和心理治疗。奇峰给我的印象是很有团队合作精神，注重兄弟们一块把事情搞得好玩，大家开心，搞得很有气势的样子，就会很有成就感……但是我感觉，奇峰是一个有独特才华的人，更适合一个人孤独远行，在一起的过程中，他会不会有委屈自己的时候？他内心真的喜欢和我们在一起吗？我有时候会矛盾，看到他一个人抽烟的时候，感到他很孤独，我不确定是走近他好，还是让他一个人待着好。

是我的敏感脆弱在投射，还是他？还有，那些和奇峰称兄道弟的人，真的理解他吗？能达到他的境界吗？我这么说，是在孤立他，还是在接近他呢？这也是我所不知道的。

一个烟斗和一台电脑

烟斗，一度成为玩精神分析的标志。一次，奇峰和琪嘉在上海东方商厦买了一个烟斗送给我，把我拖下了水。我一直记得，奇峰在给我传授如何做一个烟斗客时的那种专注、痴迷、沉浸和欣赏的神态，这深深地吸引了我。如何开斗、装烟丝，如何慢慢吸、啜和品味，要做到始终保持烟斗微温，烟丝行将熄灭的状态……后来我才明白，其实那就是拉人下水、一起干坏事时的套路，他自已做不到，却有把这个光荣使命传给我了的感觉。我辜负了他的期望，经常猛吸，每次都把烟斗抽得烫烫的。当然，我们一起还干了一些其他坏事。

我因为心梗而痛定思痛，决心减肥，每天长时间快走，在一定范围内搞得动静有点大。兄弟姐妹们纷纷表达了各种担忧、关切、劝阻，或理解、支持……奇峰没多说啥，只是有一天，突然对我说："我想送你一台跑步机，这样如果刮风下雨，你在家里也可以坚持锻炼了。"我不但从这句话中感到非常温暖，还感到只有他才能够理解我的追求、情怀和苦衷。我感慨，这是他作为一个男人照顾、呵护人的细腻而又不露声色的风格，或者他也渴望能被这样对待？我因为已经有了跑步机并更喜欢室外快走的感觉，所以不想要跑步机，但我不想放弃被他照顾一把的机会，于是对奇峰说："你就送我一台笔记本电脑吧，我正好缺这个。"所以他送了我一台最好的电脑。

一群女人

说是一群女人，其实就是一个男人身边最重要的那些女人，老妈、老婆、女儿，传闻一度都住在很近的小区里……我感觉奇峰内心真正在乎的只有这些重要的女人，而没有自己，更不是我们这些哥们儿、姐们儿。有一次我忍不住对奇峰说："你这样不是太辛苦了吗？！"我感觉奇峰"前世"是欠女人的。这种情况下，奇峰往往默不作声，一副和你们讲不清楚的表情。是坦然还是无奈？关于这一点，我等局外人无法妄加猜测，真要说什么，其实都是八卦。投射出的可能都是些我们所不了解的自己的影子。

在奇峰和丽娟的婚礼上，我看到奇峰的妈妈祝福儿子、儿媳婚礼的一段视频，看着并感觉着老人的气场，我似乎懂了点什么。

我们每次都发现，兄弟姐妹们见面，泽萍总是要重点"培养"一下奇峰，虽然表面上似乎也会"培养"一下琪嘉，但那不是重点，她最怜爱的是奇峰。我吃醋，我抓狂，又有何用！命不一样！

这些年，我感到奇峰越来越能够松弛下来，越来越有滋润的感觉了。看着他和丽娟在一起，我感到他找到了最终的归宿。我作为兄弟，由衷地感到欣慰。对一个男人来说，身边的女人总是最重要的。

走近一个人，才能更好地感受和理解他写的东西。同样，看了他写的东西，不由得就会很想去接近他。要想接近他，方式、途径有很多。

中国心理卫生协会精神分析专业委员会副主任委员
上海精神卫生中心心理咨询部主任
张海音

自序　不可言说？……说吧！

大凡什么事物到了最高境界，多少都会有点不可言说的特性。艺术如此，习禅如此，心理治疗也是如此。

言说之难的原因有两个。一是被言说的内容过于庞大和复杂，你不可能将其全部说完，也不可能全部都说清楚。经常的情形是，你说出来的内容远远少于没有说出来的，或者说出来一部分后便造成了对整体的扭曲和误解。盲人摸象的故事，讲的就是这个道理。

言说之难的另一个原因是表达方式的局限。如果仅仅是用语言和文字，的确有太多的东西无法表达。语言和文字是高度抽象的东西，它们是言说者的工具，又是被言说的对象，所以它们经常“假公济私”，在言说其他事物的时候全无顾忌地表现自己。至少我本人就是语言文字这一特性的受害者之一：我常常对一篇文章的内容不太感兴趣，而对文章是怎么写的感兴趣；不管一篇文章写的是什么，如果它的文字不好，我就不会喜欢。

所以，为了不破坏被言说的事物的整体感，也为了防止言说工具搞鬼，很多人都反对言说。这是人类因噎废食的又一证据，是精神分析所谓抑制的自我防御机制的表现形式之一，不言说是为了避免言说之后的自责和焦虑。

人是关系的动物。每个人都被关系制造，同时又是关系的一个环节。不言说简直有否认人作为人存在的特性的嫌疑。不管是人还是人所体验到的任何东西，如果不置于言说的场景中，那它就是孤立的，而且也是没有价值的。

每个人都需要把心灵的东西向外界或者在关系中呈现，所以我们必须言说。言说的意义并不在于完整和清晰，而在于言说本身。言说既是手段又是目的，言说的现在进行时，就是生命本身的现在进行时。

Bion 说，根本就没有被称为你、我、他的个体存在，有的只是他们之间的关系。这种关系的表现形式就是言说。那些无法用语言和文字言说的人，如失语者或文盲，他们一样可以言说——用图画、歌唱、音乐或者哭泣，向别人表达他们内心的爱恨情仇。

实际上，就广义的言说而言，一个人根本无法不言说，他活着就是言说，以语言的方式，或者以其他任何可能的方式。比如他的眼神、表情、姿势，他的习惯、爱好、个性，以及他的爱情、婚姻、事业甚至疾病，都无一不在言说着他的内心。“桃李不言，下自成蹊”，那是因为桃李用它们的色泽和丰满言说了美味，便吸引了很多的人前往。

世界因为每个人以自己的方式言说着自己感兴趣的内容而

变得丰富和有趣。很难想象，如果人人都以不可言说的高深态度处世，这世界会是什么样子。那大概是一个荒凉孤独的世界，每个人都像一座孤岛，而且中间没有海水相连。

这本文集，是十年来我本人“言说”的产物。总共约二十万字。对一个曾经有过当作家梦想的人来说，这个数字不会带来丝毫的欣喜，不羞愧已经很不错了。

集子言说的内容，几乎都跟我的专业心理咨询和心理治疗有关。当然，你可以认为，一切涉及人的事情，都会跟我的专业有关。这的确是一个“管得宽”的专业。

言说的方式，相信多少有点“曾氏风格”。一位朋友在网上看到一篇没有署名的文章，感觉到这样的风格，发给我看，问是不是我写的。我看了以后发现那就是我写的。形成自己独特的言说方式，也许是一个人一生的任务。但是，风格的形成是一把“双刃剑”。一方面，成熟的风格会使你在言说特定内容时得心应手；另一方面，固定的风格也会制造言说的死角，让你永远地忽略曾经忽略的东西而不自知。

又一次想到盲人摸象的故事。很多人觉得自己就好像摸到大象尾巴的那个盲人一样，高喊着大象像一条蛇。我们曾经认为这是错的，但我们现在可以认为这部分地对了，只是不全对而已。没有人全对，明眼人也不会全对，比如大象皮肤之下的脏器的独特结构，明眼人也不一定清楚。也许只有说大象像大象才全对，但这等于没说。

摸到了、言说了大象的尾巴，下一步就是摸它的身子、腿、头和牙。就这样摸索着、言说着，生命就慢慢地走到了注定要去的远方。最让人欣喜的，是一路上还有许多的言说者同行，从他们的言说中，我知道了我没有摸到的部分可能是什么样子，而更重要的是，这让我知道自己并不孤单。

01

我们内心的冲突
——心灵深处的噪声

孤独让人产生内心的冲突

马克思说，人是一切社会关系的总和。现代心理学的客体关系理论认为，人是被他所处的关系所造就的。没有关系的存在，就不可能有人，也不可能有人类社会。

对一个个体来说，他可以处于两种完全不同的关系之中：一种是与配偶、亲人或朋友在一起，享受交流情感和观念的愉悦的关系；另一种是没有“关系”，没有与他人的交流，这是一种特殊的关系，我们称之为孤独。

表面上看，孤独不是一种好的状态。渴望交流是人的最本质的特征之一。没有交流，心灵就会像没有养分的植物一样枯萎。但是，从更深的层面来说，孤独同样也是人的最本质特征。在生物进化史上，生物从低分子物质、高分子物质到单细胞生物的飞跃，成就的就是一个伟大的孤独。细胞膜的出现，为个体与外界隔离创造了条件，也就为孤独创造了条件。从这一刻开始，交流和孤独，就成了个体的两种截然不同又缺一不可的生存状态。作为个体的人，也是孤独的。首先是躯体上的孤独，体表的皮肤就是我们的边界；其次是心理上的孤独，如果不借助工具（如语言、文字、手势等），我们就无法知道别人在想什么。相对于大自然而言，人既是大自然的一部分，又是独立于大自然的孤独的存在。

既然孤独是人的本质需要之一，那处于孤独之中就是满足了人的需要，对人有好处。这些好处归纳起来大概有以下几点：

第一，一个人既然是被关系所造就的，那他也会被关系所限定，这种限定，显然不利于他的发展。适当的孤独，可以使他摆脱关系的限定，更多地成为“他自己”，更大程度上成为一个有独立人格的自由的人。

第二，孤独可以使人置身关系之外审视关系，使关系中的交流变得更恰当、更通畅。一些企业的最高决策者，总会找机会让自己独处一段时间。他们身处复杂的关系中，即使他们具有身居高位的人的一切优秀品质，如智慧和稳定的人格等，使他们能较少受到关系的影响，有能力主动地影响和控制关系，但是，在复杂的关系中的时间长了，他们也难免被关系所左右，进而导致判断和决策上的失误。孤独可以使他们重新找到自己的智慧和力量，更好地掌控那些他们必须掌控的关系。一个没有时间孤独的决策者，可能已经成了或即将成为他人的傀偏和形形色色的关系的牺牲品。

第三，从心理发展的过程来看，接纳孤独，并且能够享受孤独，是成熟的重要标志。小孩是不能够孤独的，他们还不具备孤独的能力，孤独可以使他们遭受肉体和心灵的双重创伤。而一个成熟的人，会在孤独中整合内心的力量，为更有效的交流做最充分的准备。

孤独大约可以分为两种，主动的孤独和被动的孤独。前者已经说到了，是必需的和有益的；后者则是不必要的和没有好处的。有两种情况可以使人处于被动的孤独之中。一种是外界强加，比如一个人出于某种原因被困于孤岛之上，无法与外界联系；另一种情形是，一个人的主观愿望是与人交流，但是，由于内心的问题，他缺乏交流的勇气和能力。如有社交恐惧障碍的人，害怕跟他人在一起时所产生的不良情绪，从而回避一切有人的场景。如果是这种情况，就应寻求专业人士的帮助。

当一个人处于青春期，特别是青春期的后期，甚至是二十岁左右的时候，他会有一种难以遏制的孤独感。这是因为，随着生理和心理的成熟，独立的愿望已经增长到了一定程度，使他想摆脱对父母的依赖；而另一方面，他还没有完全地社会化，没有自己固定的交际圈子，经济上还不能独立。这是一种两头都就不着的状况，像一个被抛在空中的皮球，既不在原地，又没有落在他处，所以孤独感就不可避免了。随着成长的推进，这种孤独感会慢慢地变弱，或者被其他原因引起的孤独感代替。

有这样一些人，他们即使是在人群中也会感到孤独。如果偶尔有这样的感受，那也没有什么大问题。但是，如果经常有这样的感受，那就可能是心理上出了什么问题。一般来说，两种人容易在人群中感到孤独：一种是很自傲的，另一种是很自卑的。当然从心理学上来说，自傲和自卑是同一种本质的两种不同表现形式，都是由过度关注自己、不善于跟他人交流引起的。或者换句话说，自卑和自傲既是不与他人交流的原因，也是不与他人交流的结果。如此因果循环，便离人群越来越远。一个能够与他人充分交流的人，是不太可能过分自傲，也不太可能过分自卑的。他会客观地把自己看成人群中的普通一员，这样的人怎么会在人群中感到孤独呢？

孤独的时候，人们都干些什么呢？人与人可以很不一样。但不管做什么，如果一个人在孤独的时候所做的事情，与他在有人在场的时候所做的事情反差不是太大，那我们就可以说他是一个生活得较真实的人、一个内在和外在比较和谐的人。反之，如果孤独时的所作所为与在公共场所的表现反差太大，那我们就认为他是一个欠真实的人、一个内外不和谐的人，甚至是一个喜欢欺骗自己或者欺骗别人的人，当然还可能会是一个活得很辛苦的人。

中国传统文化中，有一个很重要的修身的要求，就是慎独。它的含义是，一个可以被称为君子的人，即使在他独处的时候，行为也要符合伦理道德的规范。这样的要求，是很有心理学意义的。与他人在一起的时候，我们的行为会被他人评判，我们自然会把行为调整得符合一般道德伦理规范，绝大部分人都可以轻而易举地做到这一点。但是，在我们独处的时候，来自他人的监督没有了，我们完全靠自己的约束来管理自己的行为，这就很容易做出一些不符合规范的行为来。我们也许可以对自己说，我们这样做了，但别人不知道，所以没关系。但是，并不是所有的人都不知道，至少有一个人是知道的，那就是你自己。一个人也许可以永远地欺骗别人，但他能永远地欺骗自己吗？每一个人一生的目标都是内与外的和谐，这种追求和谐的力量，迟早会攻击那些不那么符合慎独标准的行为，内心的冲突也就随之产生。所谓慎独，就是不让这种冲突产生，“君子不欺于暗室”，根本就不给自己攻击自己的机会。

一个没有学会应付孤独的人，注定也不能够很好地交流。因为一个跟自己都相处不好的人，怎么能够很好地跟别人打交道呢？他孤独时的内心冲突，迟早会在与他人的交流中重现。比如，一个有很多内心冲突的人，希望通过一场爱情来缓解那些冲突，结果经常会是，在爱情开始不久，他与他所爱的人的冲突就开始了，最后有可能两败俱伤。渴望友谊和爱情的人注意了，你只有在能够较好地处理孤独之后，才可能得到高品质的友情和爱情。

我们已经说到，孤独是一种特殊的关系，那就是没有“关系”。我们也可以换一种说法，孤独实际上就是与自己的关系，自己与自己交流。对于一个内心和谐的人来说，这种交流可以是很愉快的。内心的和谐是指，我们各种心理的力量之间，没有发生激烈的冲突，或者说，我们的看法、情绪和行为之间，没有互不相容的战争。而对一个内心不和谐的人来说，孤独就可能是异常艰辛和痛苦的劳役，各种心理力量之间的战争，可能会把他折磨得疲惫不堪，极端的情况下，甚至会置人于死地。那些完全不能忍受一点孤独的人，那些总是需要生活在热闹的人群中的人，实际上是在回避由孤独导致的内心冲突。

恰当的、健康的孤独，常常会带着一种淡淡的忧伤，这种忧伤有时会给人一种高贵的感觉。有些人很喜欢这种感觉，特别是那些情感丰富的天才和历尽人间沧桑的智者。遗憾的是，其中有一些人，他们也许是太沉醉于那种高贵的忧伤了，以至于忧伤的感觉最后变得铺天盖地，使自己无法再回到与他人的交流之中。自杀，也就是进入终极的孤独，成了他们最后的归宿。如果把这些人的名字写下来，我们会发现其中有许多我们熟悉的哲学家、艺术家或诗人。

也许我们可以把孤独比喻为美酒，偶尔品尝一点，可以使美好的人生增加一些美好。但是，如果经常大量地狂饮，美酒就会变成伤害我们身体和心灵的毒药。

恐惧，来源于我们的想象

妻子带着四岁的女儿和单位的其他同事一起去江滩公园玩，我在家做一些自己的事。傍晚时分，天开始下大雨。妻子打电话来，说她们被困在了马路对面的停车场，让我送几把雨伞去。

我想现在是夏天，从停车场走回家，只需要七八分钟，加上回家以后总是要换衣服和洗澡的，淋雨回家应该没什么关系，就说“就淋雨回来吧，做这样的事女儿肯定会很高兴的”。妻子了解我，知道我不是想偷懒，便征求其他人的意见，但大家都不同意，我只好去送伞了。

我拿了四把伞，穿上一双拖鞋，下楼。大马路的边上，站满了数以百计躲雨的人。他们都看到了这一幕：一个男人，手里拿着四把伞，却一把也不打开，还不慌不忙地在大雨中走着。他们可能会想，这个人是不是有精神病？我心里想着好笑，如果他们问我，我就说我是精神病医生。这也没撒谎嘛。

到了停车场，我把伞全部分给别人，抱着女儿就朝雨中走。送伞的人反而要淋雨，别人有些过意不去。我说，没关系，我想淋淋雨。豆大的雨滴打在脸上、身上，有一点点疼，还有一点点冷，女儿开始有些惊慌，大声叫："把我的头发打湿了，把我的衣服打湿了。"我说："别怕，别怕，淋雨就像洗澡玩水一样好玩。"片刻之后，她就变得像我一样镇静，再过一会儿，就在我身上像雨点一样欢腾起来。哪有小孩不喜欢玩水的？

于是，街边躲雨的人又看到了这样一幕：那个有伞不打的"疯子"，现在还让一个小孩淋雨，真是害人啊。我这次没有想着好笑，而是想，我如果走过去，跟他们说，淋雨并没有你们想象的那么可怕，回家洗澡也是要把身上打湿的，他们会怎么想，怎么做？估计同意我的看法，并进入雨中往家走的人不会太多。

这个世界上，真正值得恐惧的事其实很少，在很多情况下，我们是自己被自己吓着了。

比如，有人害怕在公共场合讲话。实际上，对一千个人讲话，跟对一个人讲话，在本质上是没有什么区别的。都是你一边想，一边让神经支配你的声带振动，声波就传到了别人耳朵里。传一个人和传一千个人，对你来说都是一样的。如果在公共场合讲话讲砸了，最坏的结果是什么？会死人吗？不会。那就不值得恐惧，就像淋雨不值得恐惧一样。

还有考试。从考试本身来说，它跟平常做作业没有什么不同。不同仅仅在于，作业做不好没什么关系，考试考得好不好可能与是否能够升学、家长和老师的脸色是否难看联系在一起。而不能升学、看难看的脸色，也不是天塌地陷的大事嘛。如果我们把考试当成平常做作业，那至少不会因为恐惧导致连平常做作业的水平也发挥不出来。

大多数恐惧，来源于我们的想象。比如淋雨，我们想象中的淋雨的后果，比淋雨的实际后果要大得多，所以很多人会站在街边等着雨停下来。而另一些时候，同样是站在街边躲雨的那些人，可能会数小时地泡在游泳池里，享受戏水的快乐。这样一对比，是不是有些奇怪？

面对想象层面的恐惧，我们可能永远都是失败者。因为，这种恐惧是我们自己制造的，而且会被我们自己不断加工和放大。对付这样的恐惧，最好的办法就是抛开想象，想透一件事情的真实后果。有些时候，当真实的后果显现的时候，我们会哑然失笑，觉得当初的害怕没有一点道理；另一些时候，即便真实的后果可能很严重，但我们已经警觉了，就可以想办法对付，这比对付想象的后果要容易多了。

当夏雨再次来临的时候，你是否也会去雨中走走，看一看淋雨的后果是不是跟你想象的有所不同？

成就感是对抗烦恼的良药

女儿一岁左右的时候，能辨认出家里的几件大的物品，如冰箱、微波炉等。每次，当她指认对了那些物品时，我们都会用掌声和欢呼声来赞扬她和鼓励她，她也会因此高兴得嘿嘿直笑，甚至手舞足蹈。她还能扶着硬物慢慢地走路，然而学走路肯定是要摔跤的，摔痛了就哭是紧接着的一个必然程序。每当此时，我和她妈妈总会抱着她百般劝慰，但效果不太好，她总要哭上好几分钟才能慢慢停止。

有一次，她又在摔跤之后大哭。我抱起她来，突然灵机一动，问她："微波炉呢？"她立即停止了哭泣，目光四处寻找，然后抬起手准确地指出了微波炉的所在地，同时还发出"嗯、嗯"的声音，相当于我们说"那里、那里"。在从我的表情中得到了肯定之后，她得意地笑了，那种和着泪水的灿烂的笑容让我心疼无比也惊喜无比。她是忍着痛来完成任务的！而且，摔倒以后又岂止是疼痛而已！肯定还伴有恐惧、紧张、烦躁等负性情绪。但是，完成任务的成就感却不仅可以使她能够忍住疼痛，还可以使她的心情迅速地变好！

我一向认为，疼痛感和成就感相比，前者更为本质一些，因为人首先是生物性的存在，然后才是社会性的存在。但女儿的表现却证明这种看法不一定正确。一岁的孩子还没有学会撒谎，她可以向我们展示更多的人性的真实。

躯体的疼痛可以用成就感来减轻，心灵的痛楚也是如此。劳作和劳作以后的收获，除了物质的以外，还有无法估量的精神的。对很多人来说，后者可能更有价值。

当我们烦恼的时候，做一点能很快获得结果的容易的事，并充分享受由此带来的小小的成就感，也许是对抗烦恼的一剂良药。

有人说，烦恼即人生。如果这句话是对的，如果人们还有可能使人生变得不那么烦恼，那就需要把人生的路从起点到终点，用大大小小的成就的果实铺满。因为，对人而言，成就感可以比身体的疼痛感和一切负性情绪更本质一些。

不必怀疑。因为这有一岁的孩子为证。

偷窥成瘾缘于安全感的缺失

有几本涉及隐私的书卖得非常好，一时洛阳纸贵，阅者无数。一部名为《偷窥》的好莱坞电影，曾经也是风靡全球，获得了创纪录的票房收入，影片的内容也涉及隐私。隐私作为卖点如此之好，其原因也许比隐私本身更加精彩有趣。

《偷窥》叙述了一个偷窥者的故事：他叫泽克，男性，年龄在二十五岁到三十岁，是一幢供出租用的柱形大厦的主人。他花费巨资秘密地在大厦的每一套房间的客厅、卧室甚至厕所内安装了摄像头，他则坐在自己的房间里，面对着数十个显示器，将每一个家庭发生的所有事件尽收眼底。

这是一个典型的心理变态者的形象。但如果我们说偷窥是泽克一个人特有的爱好，那实在是冤枉他了。影片里有两个情节可以证明，偷窥是每个人都具有的一种爱好或者说需求。一是在女主人公卡莉的房间里，一位看上去绝不像喜欢偷看他人隐私的淑女，用望远镜看见另一幢楼房里一对夫妻的“写实”镜头时，竟然高兴得大声惊叫起来，其他人也是蜂拥而上，抢着去看这精彩的一幕，生怕错过了机会；虽然有人在此时高喊这样做是变态的，但在当时的情形下，他的表现是如此不合时宜，反倒显得不正常了。正常和不正常往往就是这样转换的。二是当卡莉像泽克一样坐在数十个显示器前目睹租客的家庭生活时，她的表情变化无常，时而忧伤，时而喜悦，时而愤怒，但是有一点没有变化，就是她自始至终都很投入。这无可争辩地证明，她也“好这一口”。

但毕竟泽克是变态的，我们可以戏称其为“职业偷窥者”，因为他把过多的时间和精力用在了偷窥上，远远多于像卡莉这样只有在特定条件下才偷窥的“业余选手”。

能偷窥到的内容是决定偷窥者动机强弱的关键因素。如果偷看到的全是吃饭聊天、洗脸刷牙之类的琐事，那偷窥的意愿就会大打折扣。只有在能偷看到那些每个人都会做，但没有一个人会在别人面前做，甚至在别人面前谈都不会谈的情节时，偷窥者才会乐此不疲，如影片中的夫妻性生活、年轻女人自慰、继父调戏继女，等等。

偷窥的内容往往随着时代的变化而变化。据说在早年间，大家的生活都很清贫，只有过年过节才有好一点的东西吃，所以一些无事可做的老太太就常常把她们偷窥的“镜头”聚焦在左邻右舍的炉灶和餐桌之上。在有所发现时，她们也会或小声或大声地互相转告：“李家屋里又在煨汤”，或者“张家屋里又在做烧鸡”（这些话用黄陂方言念，更是别有一番风味），语气中混有艳羡、嫉妒、惊奇甚至仇恨等多种情感，仿佛要将这些情感作为作料加到汤或鸡中，以便为不那么有名的湖北菜系增加几道比豆皮更有名的地方名吃。

好在这一切已经是往事了，现在你只要不把国家保护的珍稀动物摆上餐桌，没有人会对你吃什么感兴趣。

但人对性内容的偷窥兴趣，却从来没有减弱过。从人的需要的阶梯形结构图看，性的需要位于最低层，在此之上依次为安全、归属感与相爱、尊重的需要，最高层为自我实现的需要。一般而言，越是低层的需要越接近动物性的需要。也就是说，人对性的需要是由人的生理结构决定的，是造物主在我们的身体里安装了指向性的发动机。千万年来，这台发动机的马力从来没有下降过。这当然是人类能够繁衍至今的最直接的原因。但是性绝对不仅仅是生理结构决定的，人类在性的问题上打下的时代和文化的烙印，比在其他任何事物上都鲜明、深刻得多。

几百年以前，有些居于深闺的女子的脸蛋是不可以让外人看见的，这就自然而然地使脸也成了偷窥者的目标。随着社会的进步，让偷窥者真正感兴趣的内容就像女性在夏天穿的衣服一样，越来越少了。在比基尼岛上的蘑菇云升起后不久，偷窥者的兴趣就集中在三个点上了。如此下去，不知道偷窥作为一项“职业”会不会最终消失。

偷窥在某种程度上也可能产生一些积极的社会效果。影片中那位调戏未成年少女的男人，就是因为泽克的揭露而停止了他的罪恶。泽克因此扬扬得意地说，“应该在这个城市的每一个家庭都装上摄像头”，以便减少暴力和犯罪。

但是，不论偷窥有多么广泛的人性基础，也不论它能产生多少积极的社会效果，泽克式的偷窥都是不可以接受的。在影片的最后，卡莉用手枪将所有的显示器都打碎，在偷窥和保留隐私之间，她果断地选择了后者。

泽克之所以成为那样的病态偷窥者，原因在他的母亲身上。他母亲是一个肥皂剧演员，长期在外演出，很少有时间陪他。后来他爱上的两个女人，在外表上都很像他的母亲，这是他潜意识里想寻回童年时期缺少的母爱的表现。泽克说，他偷窥到的内容，是世界上最好的、最真实的肥皂剧，这从一个侧面反映了他对母亲的关注。这些情节说明，该片的编剧和导演受弗洛伊德的经典精神分析理论的影响很深。

我们也可以从安全感的角度来理解偷窥癖的成因。一般说来，偷窥者处于主动的、安全的位置上，而被偷窥者则处于被动的、不安全的位置上。安全需要是仅次于性的强大的力量，缺少它的人会不顾一切地想得到它。泽克获得安全感的手段就是偷窥。面对在那幢大楼的所有男人、女人和孩子，他都可以在心里充满安全感地说：我知道你们的一切，而你们对我却一无所知；我可以在任何时候利用这一点，来达到我想达到的任何目的；你们都是我镜头下的臣民。

现代精神分析理论会用另一种方式来理解偷窥癖的成因。该理论认为，任何人一出生，就与这个世界建立了一种主体与客体的关系，他面对的第一个客体，就是母亲和母亲的乳房。如果在他成长的过程中过早地与客体分开，那在他成年以后，就会下意识地、强迫性地寻找那个在幼年失去了的客体。对大多数这样的人来说，寻找客体的方式会被限定在社会允许的范围内，比如他们也许会全力地追求金钱、地位、权力等来替代童年丧失的客体。但对泽克来说，这些远远满足不了他的需要，他要在超越社会规则的情形下，同时面对数十个投射了他人家庭生活各个方面的显示器，以无比精密、无比实在的方式与此时此刻的客体发生关联时，他才有重新拥有童年时期的客体的感觉。

人性的确太复杂了。心理变态的种类数不胜数，而我们每一个人身上都存在着所有这些变态的种子，一遇适当的条件就可能发芽、生长。或者换句话说，没有任何心理问题是某一个人或某一些人独有的。理解这一点，会使我们增加几分对他人的同情和爱心。区分变态与正常，最重要的标准之一就是看一个人的行为是否符合他所处时代的伦理道德规范。我们寄希望于这些规范逐渐变得宽容一些，以给人性更大的自由空间。与此同时，我们也希望人为的悲剧会随着我们对人性了解的增多而越来越少。

神情内敛——健康人格的东方描述

《现代汉语词典》对“神情”的解释是：人脸上所显露的内心活动。对“敛”的解释是：①收起；收住；②约束；③收集；征收。那么形容一个人神情内敛的意思就是：他脸上所显露出来的内心活动向内收缩。

“神情内敛”这个词在很多工具书上都找不到，但却常常出现在一些小说中。在武侠小说里，这个词经常用于描述武林中的绝顶高手。很显然，这不是一个直接描述武功的词语，而是一个描述心理状态的词语。要做一个绝顶高手，心理状态可能比武功本身更重要。所以我们可以说，形容一个人神情内敛，就表示这个人有着极好的心理状态。

神情内敛是通过整体的、直观的观察所获得的整体的、直观的感受，具有典型的东方神秘主义色彩，要把它解释得很清楚，也许不是一件很容易的事。但我们一定要把它解释清楚。这里首先要引出我们的第一个信念：我们不相信任何所谓具有东方神秘色彩的东西，如禅、开悟等是真正神秘的和不可解释的，我们一定能找到一种方法，使这些东西具有我们能够理解，而且其他文化背景的人也能够理解的合理性。

东方的方法体系里缺少分析的方法，可能是使东方文化具有神秘色彩的主要原因。一个对象，如果你不把它拆开来看，那它在你面前可能就永远是神秘的。所以分析或许是打破神秘的一种好办法。对于东方式的对心理现象的描述，起源于西方的精神分析技术可能就是打破其神秘感的最好工具。

让我们先看一看，一个被形容为神情内敛的人可能会给我们带来什么样的感觉。

这样的人的人格是高度统一的。如果人格是一件物体，我们甚至可以感受到它光洁的质感、紧实的密度和宜人的温度。他如果要做一件事情，就会轻而易举地调动内心的一切心理能量去完成。和这样的人打交道，就像他可以“收缩”自己的内心活动一样，我们的内心活动也可以被他吸引，这就是个人魅力的来源。史书上说：“与周公瑾交，若饮醇醪，不觉自醉。”意思是说，周瑜的人格魅力像一坛好酒，跟他交往就像喝酒一样，不知不觉就要醉。

这样的感受与神经症患者带给我们的感受恰恰相反。神经症患者的人格是不统一的，可能有着粗糙的质感、松散的和不均匀的密度以及忽冷忽热的温度。如果他要做一件事，就不太容易调动内心的一切心理能量去完成。打个比方，如果神情内敛的人的人格像一个国家的中央集权状态，那么神经症患者的人格就像这个国家处在诸侯纷争的状态中。跟他打交道，我们会因为他在情绪和行为上的变幻莫测而不知所措，所以会或有意或无意地可怜他或者疏远他。由于他自己的内心活动都没有被他“收缩”，我们的内心活动当然也不会了，所以他不会给我们“有吸引力”的感觉。交往的不稳定感还可能是因为过去的经历和现在的状态之间的联系没有被揭示，所以它们都可以独立地影响人的行为，哪个会在此时此刻产生影响，永远都是一件无法预料的事。或者换句话说，你跟一个神经症患者打交道，你很难知道自己是在跟现在的他打交道，还是在跟过去的他打交道。

以上的描述，是在神情内敛之上又增加了一些东方神秘主义色彩。不能说没有益处，却与我们破除神秘的目的有点背道而驰。现在我们就用精神分析的方法看一看，神秘的背后到底有什么东西。

精神分析的人格结构理论认为，一个人的人格是由三个层面组成的。底层是本我，代表着这个人的一切生物性冲动，如食欲、性欲等。中间一层是自我，是他与周围社会环境相适应的部分。最上层是超我，代表着父母、老师、社会等各个方面对自己在伦理道德方面的要求。本我和超我之间时时刻刻都存在着冲突，自我的任务就是协调这一冲突。如果自我不能协调本我和超我的冲突，人格就不能处于协调状态，这样的人就是一个神经症患者。

一个神情内敛的人的人格，不仅仅是一种协调状态。那种向内收缩的感觉，甚至有那么一点点不协调。只不过这种不协调是一种良性的不协调。造成这种不协调的感觉的动因是什么？或者说，是什么使内心活动向内收缩呢？我们猜想，使内心活动向内收缩的力量是人格的各个部分高度统一以后产生的整体功能，是整体的功能减去各个部分之和多出来的那一部分功能。整体的功能，由于它不是通过分析就能发现的，所以，它实际上也是所谓东方神秘主义的根之所在。

这篇文章无意创造任何新的概念，因为已有的概念的作用只有助于把分析的工作越做越细，新的概念估计也不会超越这样的作用，而这里主要谈论的是整合。仅仅为了叙述上的方便，我们不妨把这种整合人格的各个部分的统摄性力量称为“超超我”。整合被分析清楚之日，也就是超超我这一概念寿终正寝之时。

超超我有点像是超我、自我和本我民主选出来的统治者，与它们不在一个水平上。超超我对三者的统治，与超我对本我的压抑有本质的区别。超我与本我是在同一水平上纠缠厮杀的一对矛盾体，而超超我是更高层的、统合的力量；或者说，超超我的统治力量是一种舒适的、被人格的三个层面认可的压抑。是什么使所有的心理活动向内收缩？答案是超超我。

以上是单独地考察神情内敛的人的人格得出的结论。如果我们把这样的一个人放在人际关系之中，就会发现，他的超超我也会对其他人产生统摄和整合性的作用。别人会被他所吸引，会因为跟他的交往而感觉到宁静和喜悦，会把他的目标当成自己的目标。具有强大超超我的人，在西方被称作 Christma Personalty。

从客体关系理论看，神情内敛的人处于与原始客体完全分离的状态。这就是所谓的具有独立人格的人。

写到这里，有人一定要问：能不能举个具体例子，什么样的人是神情内敛的人？如果我们说某宗教领袖、某政治家，或者某艺术家是这样的一个人，那么一部分人可能会同意，一部分人可能会反对。反对的理由可以在我们的理论框架之内，如举例说某某并不符合我们上面说的那些标准；也可以在我们的理论框架之外，比如认为这样的人的存在可能会产生什么不良的社会后果；等等。不可否认，这些反对的理由都可能是正确的和不可反驳的。

但是，我们应该可以找到被绝大多数人甚至可能被所有的人接受的例子。这些例子的数量如此庞大，以至于我们下意识地认为神情内敛的人极端稀少的观点在一瞬间被彻底颠覆了。我们所说的神情内敛的人就是：所有健康的婴儿和儿童。健康在这里的意思是：没有先天的生理上的缺陷，成长的环境没有恶劣到削弱他的超超我的程度（如没有到可以使儿童患儿童神经症的程度）。

婴儿和儿童符合我们上面说到的神情内敛的人的所有标准。简单地说就是：他们的人格是高度统一的，他们的一举一动都让我们陶醉。也许有人会说，婴儿和儿童并不具有独立人格，他们要依赖成人才能生存。但是，相对于他们的能力来说，这样的依赖有现实的合理性，所以不能作为他们没有独立人格的依据。

《老子》第十章说：“载营魄抱一，能无离乎？专气致柔，能如婴儿乎？”翻译成现代汉语就是：精神与身体合一，可以不相分离吧？结聚精气以致柔顺，可以像婴儿一样吧？所以在老子看来，婴儿的特点就是能够结聚精气，这是神情内敛的另一种表达。

把婴儿和儿童作为神情内敛的人的例子，是一件让人极为振奋的事，因为这意味着，我们曾经都是神情内敛的人。我们本来内敛的神情，是在成长过程中遇到了干扰才变得散漫的。

神经症患者就不是神情内敛，而是神情散漫、不专注（当然我们可以说他将心理活动专注于其症状之上，不过这是另外一回事）。就强迫症来说，在患者内心，强迫性和反强迫性两种力量相互冲突，没有足够强大的超超我将其整合，就造成了症状的出现和迁延。我们尚无法断定，超超我有没有相应的生物学基础，也就是说，超超我是否相当于更高的神经中枢的功能，在它处于抑制状态时，多个较低级的神经中枢同时兴奋，导致强迫症状？抗抑郁药物（如氯丙咪嗪）对部分强迫症患者有治疗效果，是否支持了这一推论？就抑郁症来说，是不是更高级的神经中枢的抑制导致了低级神经中枢之间的相互抑制？也许这种推论对癔症来说是最适合的，因为癔症的某些症状是直接由脊髓水平的低级中枢的兴奋导致的。

从动力学治疗角度看，治疗的设置和治疗师温和的态度，就是为患者向婴儿方向退行提供条件。或者换句话说，治疗师让患者回忆起既往的神情内敛的状态，并且努力保持它。至于那些破坏他的超超我的干扰性力量，则被此时此地的治疗关系所产生的力量减弱、消除或者替代。整合就这样被维持下来了，治疗也就产生了效果。从上面提到的生物学角度来看，对潜意识的关注，可能起到增加主动注意力、激活高级中枢（超超我）的作用，从而实现消除症状的目标。

精神分析最后的目的不是要把我们的心理活动拆解成若干部分，而是要把本来相互冲突的部分连成一个整体，或者用东方的语言来说，是要恢复内心的和谐与宁静。所以“精神分析”这个名字也许是不恰当的。

与人格的整合相关的话题是心理治疗各个学派的理论与方法的整合。长期以来，人们一直在努力寻找一个理论和方法体系，能够把现有的主要的心理治疗学派统一起来。但我个人认为，将心理治疗的各个学派在理论和方法上进行整合是不切实际的、虚妄的。这里要引出我们的第二个信念：任何理论和方法的整合，都必须建立在每一个治疗师的人格的整合之上。或者换句话说，没有纯粹的理论与方法上的整合，只有理论和方法与使用这一理论和方法的治疗师人格之间的整合。或者再换句话说，离开了某一个具体的治疗师，一个所谓整合的理论和方法体系是没有意义的。

厚道的聪明更容易取得不凡的成就

在任何时代、任何社会，聪明人都不是“稀有动物”。具体地说，聪明意味着一个人有良好的观察能力、记忆能力、思维能力、想象能力与操作能力。这样的人，你周围可能有一大堆，说不定你自己就是那绝顶聪明的一个。

跟聪明人打交道经常是令人愉快的。看到他们发挥自己的才智并取得成绩，你也会跟着高兴。最近网上有一条消息说，心理学家通过研究证明，跟笨人一起工作可以致死。原来“笨死了”的意思不是说自己笨死了，而是说把别人笨死了。也不知道是笨得把别人气死了，还是笨得把别人累死了。反过来说，跟聪明人一起工作岂不是可以长寿？

但是，仅仅聪明是不够的。聪明经常是一柄“双刃剑”，可以给自己带来好处，也可能给自己制造麻烦；可以让别人愉快，也可能使别人难受。

我认识一个人，我们打了近二十年交道，对他的聪明，我佩服得五体投地。他给人的感觉是，任何时候、任何地方和对任何事情，都动脑筋，可谓机关算尽；没有他不知道的知识，没有他办不成的事，也没有哪个人的弱点和毛病躲得过他的火眼金睛。特别是最后一点，简直让我叹为观止。在普通的人际关系中，一个人把别人的心思和行为琢磨到那种程度，而且评论的时候完全没有一点恻隐之心，简直有些恶毒和可怕。如果跟他共事，估计不仅不能长寿，反而会比跟笨人共事死得更早。

别人都很怕他。在人际交往中，我本来是一个很随意的人，但却谨慎地跟他保持着距离，只跟他一起“务虚”，决不务实，也就是说喝酒作乐可以，但不一起做事，也不交心。他几乎没有一个真朋友，大家也许跟我一样，躲着他。最近听说他离婚了，他的妻子带着儿子去了南方一个城市，原因是受不了他的明察秋毫和永远正确。

我的另一个朋友，也是公认的聪明，知识渊博，才华横溢，但在为人处世上却有点憨憨的；一样地明察秋毫，但却时时呵护他人的尊严，吃一点小亏或者受一点小“欺负”之后也一声不吭；很多时候显得过于轻信别人，还有一点天真和幼稚；等等。其实那不是真“憨”，而是一种厚道，一种聪明到了极致之后而不再仰仗聪明的从容、自信和本真。实际上，他的厚道不仅没有使他失去什么，反而使他有很多朋友，也使他能够关注他自己认为值得关注的事情。一个人再聪明，若事事计较，注意力一涣散，就不可能在某个方面取得不凡的成就了。

聪明易，厚道难，既聪明又厚道则更难。对一个已经很聪明的人来说，努力做一个厚道的聪明人，那应该是一种更加聪明的聪明。

守住生活的基线，未来就不那么艰难

如果将生活画成一条线，任何人的生活都只会是一条曲线，而不会是一条直线。这些生活的曲线大致可以被分为两种：一种是虽然有波动，但大致上在一条相对平直的线上上下波动；另一种波动则全无规律可言。

很显然，前一种人的生活是令人羡慕的。我们可以认为，那条相对平直的线，就是他生活的基线。有这条基线在，他就会变得稳定、从容，任凭外界风吹雨打、天崩地裂，他都不会受到太大的干扰。什么是健康的心灵？这就是健康的心灵。

这条基线是由什么组成的呢？说来其实很简单。

首先，养成相对规律的作息习惯。这可以保证你有一个健康的躯体环境，使健康的心灵可以寄居其中。习惯的力量很强大，至少强大到可以抵御大多数外界和内心的变故。如果你在任何情况下都能按时吃饭和睡觉，那你就基本上不用担心自己会出什么大问题了。

其次，至少有一个好朋友。这可以被看成你心灵的出气孔。封闭是有害的，从古至今，没有一个人能不需要他人而活得健康和幸福。应有这样一个朋友：即使是他不在你身边，你只是想着他，就不会觉得孤单。

再次，有一两种兴趣爱好。人生在世，看不见的心理负荷是很大的，我们有时候要慰劳一下自己的心。

最后，尽力做好分内的事。少年人为将来而学习，成年人为养家糊口而工作，都是天经地义的事。不必抱怨，也不必赋予这些平常的事什么超越的意义，只要去做就是了。

也许再不需要别的什么了。这些简单的目标，每个人不必花很多时间和精力就可以实现。

生活原来是可以不那么艰难的，只要你能坚守住一条由上面几个元素组成的基线。

生活原来也可以是不那么动荡不安的，如果你守住了你的基线，那你就已经把你的生活和全部的未来都建立在了磐石之上。

恐惧，是一种潜意识里的逃避

我是一家心理医院的医生。一天下午，一位三十多岁的男性走入我的诊室，说要跟我谈一谈他的问题。在得到我郑重承诺，绝对不把他的事告诉任何人之后，他给我讲述了他的故事。

“我大学毕业以后，被分配到某个单位工作。由于能力出众、工作勤奋，深受领导赏识，职位不断提升，现在已经是一个大部门的行政一把手，在同龄人中也算是佼佼者。一年以前，一位高中的同学到我工作的城市来看我，两人十几年未见，一见自然要煮酒畅谈了。酒是在一家集餐饮、娱乐于一体的娱乐城喝的，两个人喝了近两瓶五粮液，都喝得烂醉如泥。其后的事只能模模糊糊记得，洗桑拿、胡天胡地，直至第二天凌晨才回家。

“我在家睡了一觉，醒来后头痛欲裂。这还不是最要命的。最要命的是，我对前一天晚上荒唐的悔恨。那位朋友是生意场上的人，也许那种事情对他来说早已司空见惯，但对我来说，却是第一次。我是一个对自己要求很严的人，一般的宴请我都不会参加，更谈不上什么色情活动了。再说，我结婚十几年，夫妻感情很好，有一个女儿，我很爱她们，我绝不会允许自己做出什么对不起她们的事情来。酒真是乱性啊！

“过了几天，悔恨的感觉慢慢好些了，另一个更要命的问题出现了。我开始怀疑自己得了艾滋病。记得那天晚上使用了安全套的，但我在网上查了资料，说安全套也不是百分之百安全。网上关于艾滋病的内容我几乎全都看了，越看越害怕，越怕还越想看。我现在都成了艾滋病的专家了。那件事情以后一个月，我鼓足勇气，专程去另外一个省的省城，做了艾滋病的检查，用的是假名。去别的城市和用假名，当然是怕被别人发现了。检查的结果是阴性，但丝毫没有减轻我对自己患了艾滋病的怀疑。我老是想，会不会是化验单拿错了？或者化验的人不负责任，随便写了一个结果？再或者那个医院的水平太差，有艾滋病也检查不出来？总之，我不相信我没有患艾滋病这个结果。

“说实话，我也并不是怕死的人，如果得了癌症什么的，大不了就是一死嘛，有什么了不起？而且可以在家躺着，让老婆孩子照顾我，让单位的人关心我，心安理得。关键是艾滋病很特别，事关一个人的品行、前途和声誉。我死了无所谓，一了百了，但我的妻子和女儿该怎样面对他人的议论和歧视？还有，我如果把艾滋病传染给了她们怎么办？我妻子还年轻，经常会有需要，这对我来说简直是一件恐怖的事情，不是我那方面不行，而是怕把艾滋病传染给她。所以从那以后，每天晚上我都尽可能找一些事，使自己总是在她已经睡着了以后再上床。躲不可能完全躲过，实在躲不过去了，也只好硬着头皮上，虽然妻子已上了节育环，但我还是坚持在每次房事时用安全套，还编了一套安全套有益健康之类的鬼话骗她。她很信任我，也没怎么怀疑。一年来，我整天都提心吊胆，上厕所，要用卫生纸把坐式马桶边包起来上；洗脸从来没用过脸盆，总是直接在水龙头处接水洗；碗筷总是偷偷地用开水消毒；等等。生活过得一塌糊涂。我有时候也想，干脆向妻子坦白算了，但实在鼓不起勇气，无法预料她会是什么反应。再说，即使她原谅了我，就能减轻自己的恐惧吗？

“工作上也不顺利。由于成天焦虑不安，上班做事完全没有精神。记忆力减退，经常丢三落四。有时候自己吓唬自己，想象单位的领导知道了那天晚上的事，准备找我谈话，我该怎么应付，是坦白交代还是全部否认，一直想到自己心跳加快、大汗淋漓。最近一些老同志要退休，我很可能再被提半级。但一个做过那种事的人该被提拔吗？即使他们因为不知道我做的那种事提拔了我，我的内心也会忐忑不安的。

“有了这些问题，心理学方面的书我也读了不少，想知道自己的脑子到底出了什么问题。对照书上说的标准，我觉得我患了强迫症、焦虑症、抑郁症、疑病症等多种心理疾病。”

我听完他的叙述，又问了他几个相关问题，就建议他做系统的心理治疗。他问药物能不能解决问题，我说药物也许可以缓解焦虑症状，但不能消除他认为自己患了艾滋病的怀疑和恐惧，更不能解决导致这一系列症状的性格上的问题。他想了一会儿，便同意做心理治疗。我们约定，每周谈一次，一次五十分钟，总共谈三十次。

在前七八次谈话中，我要他谈小时候的经历，他不太愿意谈。他说：“我这些事，与小时候有什么关系？我五六岁的时候，别说什么找‘小姐’，连艾滋病都还没出现呢。要是现在像过去一样，没有艾滋病这鬼玩意儿，我哪会像现在这个样子？”我说：“那不一定，即使没有艾滋病，你也会把其他的病往自己身上扯，梅毒、淋病、麻风病、尖锐湿疣等，哪一样不会让你觉得愧对妻儿、斯文扫地？这些病与艾滋病唯一不同的就是不会导致死亡，但死亡的威胁在你的问题中也许只占一个很小的比例。对小时候经历的回忆，可以帮助我们理解，为什么你在做了那种事情以后，会怀疑自己患了某种疾病。”他沉思良久，最后同意了我的说法。

他出生在一个知识分子家庭，无兄弟姐妹。父亲是一家工厂的高级工程师，母亲是中学老师。父亲对他很严厉，在他的印象中，好像很少看到父亲笑。父亲对他的学习抓得很紧，真正是“万般皆下品，唯有读书高”。他父亲甚至对他说过，人与动物的区别就在于，人会学习，动物不会。这句话现在看来有两种理解：一种是狭义的，学习仅仅指学习课本上的那些东西；另一种是广义的，泛指一切学习。他那个时候的理解，肯定是狭义的，所以并不正确。除了学习，他做其他任何事情，都会被父亲认为是浪费光阴、虚度年华。有时候他跟小朋友一起玩，玩的时间稍长一点，父亲就会严厉地批评他。如果他犯了什么错误，比如考试因为粗心被扣了分、说了脏话、与别的小朋友打架等，那批评就更加严厉了。父亲似乎没打过他，但那些批评有时实在比挨打更令他难受。母亲则对他一味娇纵，他的感觉是，他提任何要求，母亲都会设法满足他。

从第九次谈话开始，我试着对他的症状做出心理学的解释。我问他："你认为跟'小姐'发生性关系是犯了一个错误吗？"他说："这还用问？我都后悔死了。"我又问："在你的标准中，哪些错误比这个错误轻一些，哪些错误比这个错误更严重一些？"他好像没考虑过这个问题，想了一下才说："轻一些的有小偷小摸、打架骂人等，重的有贪污受贿、杀人放火等。"我接着问："你那个错误，该受什么惩罚呢？"他说："如果被警察抓着了，大约会被罚款，或者拘留。"我说："你没被警察抓着，是不是就不会受到惩罚了？"他犹豫了一下，反问道："你的意思是不是说，我现在这些问题，就相当于惩罚？"我说："不是惩罚那是什么？"

经过反复的解释，他终于明白，是他头脑里的"警察"不同意他的做法，便采取了让他产生精神症状的方式来惩罚他。犯了错就必须受到惩罚，这是他从小跟他的严厉的父亲打交道学会的原则。后来他又问我：“这个惩罚会持续到何年何月？”我说：“你估计呢？”他说：“就算要坐一年牢，那也该刑满释放了。我这一年，真是比坐牢还难受，如果坐一年牢可以没有那些问题，我宁愿坐一年牢。”

我告诉他：“有这些问题，也是一件好事。因为，如果你以后继续做那样的事，虽然感染上艾滋病的可能性没有你想象的那么大，但总还是有可能的，你的恐惧感，恰好可以阻止你再做那些事，在某种程度上可以说保护了你的生命和前途。”他同意这种说法，他说：“即使做那种事情有快乐，但痛苦更大，以后无论如何不会再做了。”

我继续解释说：“你的那位同学也做了那样的事情，但他的恐惧比较少，那你比他多的恐惧就可能不是因为那件事情引起的。我估计，你内心深处已经有一个恐惧的基调，那件事只是一个导火索，把隐藏的恐惧激活了，所以你感受到的是一个叠加之后的、难以忍受的恐惧。”他说：“我怎么没感受到那种恐惧的基调？”我说：“比如你在跟单位领导打交道时，你感受到了恐惧吗？”他想了好一会儿，才说：“你猜得对，我对我们单位里几位不苟言笑的领导有一些恐惧感，总担心做错了什么事，会被他们批评。我都这么大年龄了，又是一个小头儿，管着那么几十个人，还说我怕谁，那我是完全不能承认的，我只能承认我尊重他们。你说穿了我自己都回避的心思，我心里就明白了，反而觉得不那么怕了，这对我以后的工作会有好处，最起码可以让我工作得轻松一些。”

到第十五次谈话，他害怕把艾滋病传染给妻子的想法还是没有减少。我开始直接处理这个问题。我问："你说你跟妻子关系很好，但有没有吵架的时候？"他说："当然有，夫妻哪有不吵架的？吵架的原因主要有两个：一是在处理与双方长辈的关系上有一些意见分歧；二是在教育孩子的方法上有一些冲突。有几次吵得很厉害，我甚至想过离婚，但没有说，我知道那是底线，不到万不得已，既不能说，也不能做。"我问："吵架之后你们讨论过吵架的原因吗？"他说："没怎么讨论，时间一长，就自然淡化了，再说有些事情根本就讨论不出什么结果来。"我问："那可不可以说，你对妻子有一些怨气？"他说："是的。"我又问："那你找'小姐'是不是对妻子的攻击和报复？"他说："不是不是，我怎么会这样报复她？我只是酒后失控而已。"我反问道："'失控'二字是不是反而证明，你没喝酒还可以控制自己的报复行为，喝酒之后就控制不了了？"

他眼睛紧盯着我，似乎不敢相信我说的话，但因为这段时间我们之间已经建立了很好的信任关系，所以他不认为医生会胡说八道。想了一会儿，他叹了一口气说："也许你是对的，不过只有一部分对。"我说："我也认为这种说法只有一部分对。"这次治疗以后，他和妻子用了一整天的时间交换意见，谈完之后，他觉得害怕把艾滋病传染给妻子的恐惧消除了一大半。这一效果的心理学解释是，存在于潜意识之中的、被压抑的攻击性被揭示以后，它就不再会在"背后"搞我们的鬼，所谓“明枪易躲，暗箭难防”。他不承认对妻子的攻击，便用看起来很爱自己的妻子、怕她得了艾滋病的方式把那些攻击性掩藏起来，正是这种矛盾使他焦虑不安。

针对他不相信艾滋病的检查结果这个问题，我给他讲了我自己的一个故事。我上高中时，有一次突然心跳加快，心脏好像要从喉咙里蹦出来，感觉很恐惧。家人带我去看医生，做了心电图，医生说没有问题。我当时的感觉，首先是很高兴，然后呢，还有一种很失望的感觉。我都觉得我这种失望感很奇怪，难道我会荒唐到希望自己患心脏病的程度？听完这个故事，他说，他在拿到检验结果时，感觉跟我一模一样，也有失望的感觉。他还说，人性真是太复杂了，有些东西简直是匪夷所思。

我解释说：“这些东西也是可以说得清楚的。我们希望自己生病，是我们内心深处残留的一些儿童心理在作怪。小时候，我们生了病，就能够得到父母更多的关心，生病后犯了一点小错，也会被原谅。长大以后，我们自己不会允许自己装病，但潜意识里会留下一些希望自己生病的想法，以获得病人的‘特权’。我上高中时学习很紧张，就认为病了可以顺理成章地不学习、不参加竞争激烈的高考；你做了那件错事后，潜意识里认为自己如果病了，就可以被原谅了。”他完全同意这种说法。

第二十二次治疗后，他的症状就基本消失了。偶然想到艾滋病时，他也会感到恐惧，但程度很轻，持续的时间也不长。

在最后一次治疗中，他问我：“你是否也认为跟‘小姐’发生性关系是一件不道德的事？”我说：“我是医生，不是道学家，我不做道德评判，但问题在于，你已经是一个成人了，为什么还要我来告诉你一个道德标准？”他听后哈哈大笑，说：“按照你教给我的分析，我问这个问题，就说明我还有一部分小孩的心理，总是要别人告诉我，什么是对的，什么是错的，这些心理就像很久以前人们说的小资产阶级思想一样，你一不留神，它就要跳出来捣乱。”我听后也哈哈大笑。

我们在2001年的年底结束了治疗。2002年的春节，我收到了他寄来的一张贺卡和一封信。信是电脑打印的，信中说他现在很好，对我给他的帮助表示感谢。还说，他希望我把他的故事用匿名的方式写出来发表，以教育和帮助那些做了跟他一样的事情，并且也处于痛苦之中的人。

人生最难受的是发生在自己内心深处的战争

十几年前，在民政部门的支持下，我与几位中国和德国的朋友一起，创办了一家福利性质的精神康复医院，主要免费收治辖区范围内“无家可归”“无依无靠”“无固定经济收入”的“三无”精神病患者。

我从医学院毕业以后，就做了精神科医生。我的专业知识告诉我，一个人性格中的优缺点，与他的成长经历有很大的关系。我自认为自己的性格中有很多缺点，而那些缺点与父母在我小时候对我的娇宠有关。每当那些缺点给我带来现实的麻烦时，我就会不自觉地在心里责怪他们，想象他们当初要是对我稍微严一点就好了。

康复医院开展了工疗项目，为的是让病人每天有事可做；工疗产品出售，也可以使病人有一点收入。夏毛入院后，他主要的精神症状很快就得到了控制，所以他也参加了工疗。他工作很勤奋，每月有一百多元的工资，买烟和零食足够了。用不完的钱，则由护士帮他存起来。后来工厂出于多种原因关闭了，夏毛也就没了这笔收入，医院则按月给他一点零花钱。他每天除了参加医院组织的各种活动外，大多数时候无事可做，就看电视、打乒乓球或者与其他病友闲聊，倒也过得平静惬意。

我当时的工资在工薪阶层中大约处于中等，但支出过大，吃喝、交际、购物、旅游等用下来，月月入不敷出。现在，除了拿工资以外，我还必须在业余时间做一些其他事情来赚一点外快，才能基本维持一家人的开销。尤其是在女儿出生之后，我自觉责任重大，若不能为她创造一个舒适一点的物质环境，简直愧为人父。粗略一算，我平均每天的工作时间在十二小时以上。这些年来几乎没看过什么电视，总有做不完的公事和私事，总觉得生活得很浮躁、很慌乱，但从未打过经济上的翻身仗。我工作那么多年，竟然没有存款。大学的同学们，好多人都下海经商，有时聚在一起，谈到收入，多数人一个月的收入比我一年的收入还多。我不是喜欢跟别人比的人，但心里还是稍有不平衡，这时候，我教给别人的心理调节的功夫，就要用一点到自己身上了。

我上班的第一天，夏毛就被街道办事处的同志送来住院了。他的年龄跟我一样大，都属蛇，中等身材，长得很英俊。我跟他交谈后了解到，他很小的时候就失去了双亲，被亲戚朋友、街坊邻居带大，从不知父爱母爱是什么滋味。初中毕业就参加了工作，两年前开始出现精神异常，不上班，到处惹祸，不是把别人打得遍体鳞伤，就是自己被别人打得头破血流。厂里的领导不知道他是病态，不仅没让他去看医生，还经常批评他违反厂规，他一气之下写了辞职报告，竟然还被批准了，于是就成了典型的“三无”对象。“三无”已是悲惨至极了，再加上一个精神疾病，天道之不公，竟至于斯。

夏毛一年三百六十五天，一天三餐，餐餐都是在医院的食堂里吃的。食堂的伙食还算可以，但无论如何也比不上家庭的饭菜和餐馆的小炒。当然，这比他入院前饥一顿、饱一顿要强多了。所以他入院后很快就长胖了，本来体重比我轻，后来比我重了。一年中总有几次，夏毛会说自己不舒服，肚子痛、头晕、食欲减退等。护士们已经摸到了规律，这个时候只要给他弄点好吃的，如煎两个鸡蛋或者炒一盘青椒肉丝什么的，他一吃，那些问题就完全消失了。我对护士们说，他需要的不仅仅是食物，更重要的是食物所代表的特殊的关心、爱护。并嘱咐护士，只要夏毛开口想要什么，就尽可能满足他。夏毛是一个很懂得分寸的人，他不会总提那些过分的要求，更不会提无理的要求。

我只有值班时才在食堂吃饭，大多数时候在家里吃。有时候买菜真是一件很困难的事，好像什么东西都吃厌了。由于公私两方面的应酬，在餐馆里吃得也很多，有一段时间只要一坐上餐桌就觉得恶心。看起来是“人在江湖，身不由己”，实际上所有的应酬，只有一小部分是必需的，大部分是可有可无的，或者根本是自找的。我的胃肠功能一直不好，不是因为有什么病，而是因为吃得太好、太多、太乱，造成了胃肠负担过重。我在德国生活过两年，吃那里的黄油面包、猪排牛排，对我来说是一件非常痛苦的事。所以在那段时间里，我经常想到康复医院的厨师做的土豆烧肉、清炒菜薹之类的东西，不禁就羡慕起夏毛来。

夏毛的生活空间，绝大部分在医院的那个小小的院落里。一年之中，医院会组织几次外出活动，但最远的外出距离不会超过 20 千米。院落里当然也有春夏秋冬、花开花落，但是，我一直都奇怪，那个院落实在太小了，怎么就容得下那么一颗年轻的心呢?

我从大学时期开始就爱好旅游。工作之后，因为出差、学习和私事等，总行程加起来，可以绕地球十几圈了。二十来岁的时候，外出是一件很让人兴奋的事，隔那么一段时间不出门，就会觉得烦闷。如今人到中年，上有老，下有小，出门很是放心不下。更明显的改变是内心逐渐增加的沧桑感，使出门变成了一件苦差事。以前从不相信“在家千日好，出外一时难”的古训，现在真是觉得，不出门的人是福人。夏毛当然就是这样一个福人了。

除了间歇的精神异常外，夏毛是一个健康的小伙子，也当然有作为一个男性基本的生理需要。但是对他来说，找一个女人结婚，是一件离现实很远的事情。我甚至不敢问他对婚姻的打算，怕刺激他、伤害他。我曾经想过，在康复医院也有跟他年龄相当，也可能需要终身住院的女性患者，是否可以在医院撮合、双方自愿和不违反法律的前提下让他们结为伴侣？但是这关系到过于复杂的医学、伦理、道德、法律和经济等各个方面的问题，我只是想一想而已，就已经感觉千头万绪，头晕目眩，更不要说操作了。不过夏毛有夏毛的办法，他常用温和的、象征性的方式满足自己的需要，比如和女病友谈笑，甚至跟一些大胆些的女病友动手动脚地闹着玩。这些事我即使亲眼看到了，也睁一只眼，闭一只眼。只要他不逾越那条“底线”，不对他人构成“骚扰”，那也没什么关系。直到有一天，一位住院的女高中生和她母亲一起给我反映，夏毛专门对她说流氓话，我才开始阻止他的类似言行。我把他叫到办公室狠狠地训斥了一顿，让他保证以后绝不再犯。从那以后，他也真的没再犯。尽管我知道我必须那样做，但内心深处还是有一点点不安，总觉得我或者这个世界欠了夏毛一点什么，但具体欠了什么，却又说不清楚。

我工作后就有了女朋友，后来结了婚。我很爱我的妻子。但作为一名医生，尤其是作为一名精神科医生（心理医生），我从自己身上，从我的朋友身上，也从我的数以千计的患者身上，时时可以深刻体会到灵与肉的冲突的持久与强烈。而且，在离家的岁月里，我尝到了男人的孤枕难眠是什么滋味儿。人生在世，世事的不如意倒也罢了，最难受的是发生在自己内心深处的那些战争，让人左也不是，右也不是，做好人也不是，做坏人也不是。人类一向自诩比其他动物高贵，这也许是对的，但谁敢说人类比其他动物幸福？

上次见到夏毛，是在一个星期天的早上。我好不容易在家睡个懒觉，却被电话铃声吵醒了。电话是康复医院的值班医生打来的，说一位住院的老太太突然晕倒，不省人事，要我马上赶去。我立即穿上衣服，没洗脸，没刷牙，跑下楼，拦住一辆出租车，直奔康复医院。进医院的大门时，我看见夏毛悠闲地站在门口，冲着我微笑，还说了一些我长得像某著名外交官之类的话。一般情况下，我会跟他说笑几句，但那天实在没心情，甚至还有一些恼怒，想我忙到如此地步，他还在那里用那些无聊的话烦我。我明知他是无辜的，问题出在我自己身上，却止不住那一刻对他的反感。处理完老太太的事，我稍微静下心来，找到夏毛，递给他一支烟，我们互相看着对方吞云吐雾的样子，都一言不发。但我知道，我心里所感受到的东西，比他复杂一千倍。

以上是夏毛和我的过去。我们的将来分别会是什么样子呢？

夏毛估计还会住在康复医院里，在大的悲哀的背景下享受宁静和闲适。而我呢，随着我在专业领域越来越成功，日子就会变得更加忙乱。想过安静的日子，几乎跟夏毛想结婚一样困难。对家人、朋友、病人和事业的责任，会使我在大的幸福的背景下承受压力和历经辛劳。我清楚地知道，我们生活的道路很不一样，但终点却是一模一样的，都会在某一天与这个世界彻底告别，带不走一丝纱或者是一勺米。我不清楚，而且也许永远也想不清楚的是，他和我，谁比谁更幸福一些？

把过去的痛苦和惩罚与现在分开

一次，一位记者朋友跟我约好，某天下午四点钟在我的办公室见见面，谈一点事情。

到了约定的时间，她还没来。过了约一刻钟，她出现在我办公室门口，神色慌张，满头大汗，一边连说对不起，一边坐下。我看出她有很深的自责。我们谈完事后，她告诉我她迟到时的心情。

她说："我提前出了门，叫了一辆出租车，想着时间绝对足够了。没想到路上堵车。开始我还不着急，后来眼看要迟到了，急得不得了，不停地催司机，要他抄近路、超车，还差点跟他吵起来。本来我知道，迟到一点也没什么大不了的，但当时却有迟到一分钟天就要塌下来的感觉，或者说面临灭顶之灾的感觉。我真不知道是怎么回事。"

我说："让我来告诉你是怎么回事。那是因为你没有把过去和现在分开。"

她问："怎么讲？"

我说："也许在你过去的经历中，因为一些小过错受到过惩罚。这些经历你没有忘记，逐渐地积累起来，所以此时此刻的一个小错，也会勾起对那些事的记忆，使你感觉就像是犯了大错，要受到很严厉的惩罚一样。"

她若有所思，似乎在回忆遥远的往事，一边点头一边说："对，你说得对。"

这就是最后一根稻草压死一头牛的故事：如果不停地、一根一根地往一头牛身上放稻草，那最后总有一根草会把牛压死。这并不是因为最后一根稻草特别重，而是因为以前已经积累了很多的重量。

积累，也许是世界上最可怕的事情之一。

情感也是可以逐渐堆积的。有好多事情，比如高考失败、失恋、下岗、人际冲突等，如果孤立地看它们，每一件事都不至于会导致一个人精神的崩溃，更不会致使一个人选择结束自己的生命。但是，如果这些事件与一个人过去所体验过的痛苦叠加起来，后果就可能很严重了。

佛家认为，一个觉悟的人的特点是：活在当下。过去是虚妄的，过去的痛苦会加深我们此时此刻的痛苦，过去的幸福会遮挡我们感受现实的目光，这都不好；将来更加虚妄，一个为将来活着的人可能会成为一个从来就没有活过的人。只有"当下”才是真实的，一个活在“当下”的人会客观地看待发生在身边的一切事件，不会把这些事件的后果——不管是好的还是坏的，任意地叠加、夸大或者缩小。

朋友，把眼睛睁大一点，清楚地看着现在，把过去和现在分开，把以前的“稻草”都扔掉，只考虑和承受眼前的那一根“稻草”：不就是迟到了一刻钟吗？不就是一场考试没考好吗？不就是失去了恋人或者几个朋友吗？不就是暂时没有工作吗？告诉自己，我愿意承担所有这些事情带给我的相应的痛苦和惩罚。但是，对那些与这些事情无关的、过分的、多余的、不恰当的、不相称的、不公平的痛苦和惩罚，要大声地说：这与我无关！我——不——要！

充实与空虚在一念之间

林河念初中的那年暑假，他的父亲去北京开会，也带了他去，说要让他见见世面。他的确见了不少世面。从小镇到省城，从省城到北京，他几乎每时每刻都在经历着一生中的某个第一次，如第一次坐火车、第一次住旅馆、第一次看见如此之宽的马路上有如此之多的车和人，等等。

在北京的一天傍晚，林河一个人外出。在一个十字路口上，向北的一条路上立了一个禁止通行的牌子，路边还站着几个警察。有几个行人和骑自行车的人想往北去，都被警察拦住了。林河看着有趣，便停了下来。这时又有一个骑车人从南边过来，车骑得不算快，但却一直朝北骑来，离林河越来越近。骑车人是一个二十岁左右的漂亮女孩。当车行至路口时，林河注意到警察想阻止她，但那女孩从容地从口袋里掏出一张红色的牌子，朝着警察一挥，警察便做了一个让她通行的手势。女孩骑车慢慢远去，但这简单的一幕，却刀刻斧凿般印在了林河的脑海里。

当天晚上，林河经历了一生中的第一次失眠，脑子里翻滚的全是那漂亮女孩的影子和那张红色的通行证。他猜想着那张通行证可能具有的特别意义，以及持有这种通行证的人非同一般的身份。想到最后，那女孩竟幻化成了帝王之都的高贵公主，她手里拿着的是可以直接见到皇帝的通行证。相对于这一张通行证来说，似乎他这次北京之行的所有经历都变得不再重要。在心里的更深处，他甚至有了一个连自己可能都意识不到的强烈愿望，就是有朝一日一定要像那个女孩一样，拥有一张红色通行证。在他的想象中，这个证件当然不只是可以通向那条朝北的路，而是能够去任意一个一般人去不了的地方。

从北京回来，大家都觉得林河有了一些变化。像那个时代的所有中学生一样，林河的所有生活都被学习填满，以便能够考上一个好的大学。在那个小镇的中学里，林河的成绩从来都是年级第一，后来更是几乎在所有科目上遥遥领先于其他同学。于是大家都认为，出去见过世面的人确实不一样。但没有人知道，林河在外十几天的所有经历都比不上那张红色通行证。每当他情绪波动的时候，每当他想到在这个镇上、在他父亲的呵护下也可以生活得富有和幸福的时候，他就会想到那张红色的通行证。它像一面红色的小旗，插在高高的山顶，指引着他的方向，并且鼓励着他攀登。

后来他考上了省城的一所医学院，离那面旗帜还有几步之遥。之后又考上了北京一所医科大学的研究生。在北京，他偶尔也去那个十字路口看看，回忆一下多年以前的那一幕。当然，此时此刻的他，已经不再是当初那个小镇上的初中生了。他心里现在有很多的旗帜，那红色的通行证仅仅是其中之一。

后来他分到了北京一所医院工作。在高干病房工作的那段时间，他认识了一位曾经很长时间管理北京交通部门的副局长。他告诉那位副局长，他想认识一位十多年前在某某路工作的交警。尽管他没有说明理由，副局长还是写了一个条子，给一位现已退休的警察。林河找到了那位警察的家。当他问及十多年以前那种红色通行证的时候，那位警察想了想告诉他，当时那条路上有地方在修缮，大约离路口三百米处，所有的机动车、自行车和行人都禁止通行。但在离路口约四百米的地方有一小片居民楼，有四五十户居民，他们只有这一个通道。于是交管部门给该区的每个居民发了一张红色通行证，只有持证者才能够自由进出。

尽管那张通行证的红色在林河的心里已经慢慢变淡了，但在知道通行证的真相与自己的想象如此不同之后，他仍然感到了前所未有的空虚。那天晚上他喝了很多很多酒，似乎要用酒精将空虚填满。

我们每一个人心中可能都有几张那样的红色通行证。有它们的时候，我们会觉得充实；没有它们的时候，我们会觉得空虚。这可能与它们本身的价值无关。

嫉妒产生于“欣赏不能”

一则关于嫉妒的幽默：一个喜欢甜食的女孩很嫉妒蚂蚁。别人问她为什么，她气呼呼地回答说：“哼！那个小东西那么喜欢吃甜食，腰却还那么细！”这个女孩对跟自己全无关系的膜翅目昆虫尚且如此嫉妒，那么对跟自己同科、同属、同种、同性别的其他女性的嫉妒，就可想而知了。

在一切能够比较出好坏、高下、多少的领域内，都可以出现嫉妒，比如能力、地位、财富、知识、容貌、身材，等等。在觉得自己不如他人的情况下，嫉妒就像泉涌一样或快或慢地从心底里冒出来，渗透到心灵的每一个角落。可惜这样冒出来的并不是清澈的山泉，而是令人难受的毒药。一个被嫉妒之毒浸透了的心灵，什么事都可能做得出来。

嫉妒虽然是一种情绪体验，但在它变得强烈的时候，可以直接引起身体的感受和反应。比较形象的对这种感受的描述是："心好像被利刃刺穿，剧痛无比。"更叫人难过的是，这样的痛苦通常还被认为不能够表达出来与人分享，所以表面上还要强颜欢笑。内外反差的折磨，简直如同地狱里的酷刑一般。

嫉妒是人类个体普遍具有的一种情感体验。如果一个人说他从来就没有嫉妒过，那我们基本上可以肯定他在说谎。有趣的是，他撒谎也许并不是在欺骗别人，而是在欺骗他自己，因为容易嫉妒往往被认为是一个人自私、狭隘和品质低下的标志，没有人会很轻易就接受别人对自己下这样的判断。

给嫉妒加上过多的道德色彩，本身就是一种理解上的狭隘。人类就像是一种对道德判断"成瘾"的动物，好像在判断一件事情时不加上道德眼光，就可能遗漏什么重要的东西似的。其实，嫉妒跟一个人的道德修养没有太大的关系，而与他的能力密切相关。这个能力，当然不是什么计算能力、记忆能力等，而是欣赏他人的能力。简单地说，嫉妒产生于"欣赏不能"。

要恰当地欣赏，前提就是要跟被欣赏的对象保持恰当的距离。这就像我们看东西一样，太近或者太远都会看不清楚。我们不能欣赏一个人，反而对他产生嫉妒，就是因为我们跟他的距离太近或者太远了。

我们用对他人才能的嫉妒举例。

先说关系太近。一个人在十米之外的地方才华横溢地"动手动脚"，我们不太会感到有什么危险；但是，如果他贴着我们的身体那样做，我们就会感到威胁了。我们在跟人做比较时，会不知不觉把别人拉得离自己很近，甚至会拉到自己的心里去。在这种情形下，别人的能力比我们强，我们就有被侵入的感觉，嫉妒也就自然而然产生了。这也就是我们可能会嫉妒一个才华横溢的同事，而不大会嫉妒爱因斯坦的原因——同事近在咫尺，而爱因斯坦远在天边。

再说太远。这里说的远是指本来关系很近而在情感上很疏远。比如同事之间，关系应该是很近的，但却相互仇视，心里的距离就远了，远得就像是敌人一样。敌人强大，当然不是一件好事情。

应对嫉妒的方式多种多样。一个俄罗斯农民的应对方式是下面这样的。他的邻居因为家里有一头牛而比他富裕。有一次，一条神鱼欠了这个农民的情，就答应满足这个农民的任何一个心愿。这个农民指着他的邻居的楼房说："他比我富裕，就是因为他家有一头牛。"神鱼以为自己明白了农民的意思，就说："这好办，我给你十头牛。"哪知道这位农民咬牙切齿地说："不，我不要你的牛，而要你去把他家的那头牛杀死。"这是很典型的应对嫉妒的方式——不是通过让自己变得比别人更好来缓解嫉妒，而是通过打压别人来缓解。如果嫉妒这种情感与道德关系不大，那这样做就大大地与道德相关了。对这种人最简洁、最精确的评判——小人。

嫉妒并不总是洪水猛兽。从本能的层面说，它是对危险的预示。人至少部分地是在跟自己的同类竞争中存活下来的，这种竞争意识已经是人性不可分割的一部分。特别是在物质匮乏、社会规则不完整的时代，强者会有更多的活下去的机会。嫉妒的产生，在明白无误地告诉一个人：别人比你强，你的处境已经很危险了，你如果再不做出努力的话，你会失去很多东西，甚至会失去生命。这就是为什么一定程度的嫉妒可以激人奋发。

实际上，恰当地表达嫉妒并不是一件丢人的事情。一次，一位男性心理治疗师在做了精彩的演讲之后，一位男士从听众席上站起来发言。先说很敬佩演讲者，然后又说自己作为男人很嫉妒演讲者，最后说将来一定要努力超过他。这位男士的话音未落，听众席上就爆发了雷鸣般的掌声，而且持续的时间超过了对演讲者的喝彩。这是对人性的赞美和鼓励——既然人人都会嫉妒，那我们就需要把它当成一种存在来尊重；表达一种不太光彩的情感，这种勇敢本身就是一种可贵的能力。而更重要的是，人性还有着另外一种品质，那就是永不服输的雄心壮志。后者的光辉，足以照亮前者的阴暗。

没有人可以在一切方面比所有的人都强，所以嫉妒是不可避免的。嫉妒就嫉妒吧，难受就难受吧。在利刃穿心之后，总还有补救和止痛的措施。这种措施就是调整与被嫉妒者的距离，一直调整到可以把他作为欣赏对象的程度。欣赏会使人产生美好、敬佩、喜悦的情绪，它们都是治疗心灵伤痛的良药。

做好准备，在下次嫉妒来访之后十分钟内，对自己说："我比不过你，我欣赏你还不可以吗？！"你这样说了，并且也这样做了，你就战胜了真正重要的对手——你自己。这标志着你比任何人都勇敢和强大。

如果你总能这样，你也用不着嫉妒谁了。因为你只跟自己比较，而嫉妒自己的事情，迄今为止还从来都没有发生过。

父母与孩子距离过远或过近，都会损害孩子建立亲密关系的能力

我写过几篇关于人际距离的文章，强调在人际关系中保持恰当距离的重要性。一位朋友读了以后问道："你怎么老是说要跟人保持距离？"我猛然醒悟：原来我强调的重点错了。本来是想说，高质量的亲密关系，应该是以两个人的相互独立为前提的，重点应该是亲密关系，结果把过多的笔墨放在了保持人际距离上。

亲密的人际关系，特别是以爱情为基础的亲密关系，也许是一个人在这个世界上能够拥有的最大的财富。遗憾的是，不少的人却没有这笔财富。

每个人都天生具有发展亲密关系的能力，或者说，每个人在生命开始的时候，就处在十分亲密的关系之中。胎儿跟母亲

的关系，就是一种最完美的亲密关系：母亲的呼吸为胎儿提供氧气，母亲和胎儿的血脉相连，等等。出生之后，婴儿会有很长时间在心理上与母亲处于“共生状态”，他会把母亲想象成自己的一部分，或者把自己想象成母亲的一部分。在孩子成长的过程中，如果父母在对待孩子的方式上犯了错误，那就可能损害孩子本来就具有的建立亲密关系的能力。

父母可能犯的错误主要有两个。一是跟孩子太疏远。疏远有两种：一种是空间上的，指父母在孩子小的时候没有让孩子跟自己生活在一起；还有一种是心理上的，虽然跟孩子生活在一起，却对孩子缺少必要的照顾与关爱。从后果上看，两种疏远没有什么差别。

一个早年跟父母关系较为疏远，以至于成年以后在日常生活中没有能力建立亲密关系的人，在他和心理医生的关系中，也会重复这种“无能”。具体的表现可能是，他会不自觉地破坏跟心理医生的关系，使治疗无法进行下去。举一个例子：我的一位来访者，女性，二十五岁。她的主要问题是，几年来她谈过不下十个男朋友，但都没有成功。每次开始跟一个男性打交道，都会感觉很好，但一旦有可能发展成婚嫁的对象时，她就有一种很强烈的冲动，要离开那个男人。这样的事反复发生，她开始隐隐觉得，可能是自己的心理有什么问题。

通过几次交谈我了解到，她的童年有很多不幸。其中最大的不幸，就是没有跟父母生活在一起。父母工作很忙，没有时间和精力照顾她，所以她半岁的时候，就被送到了舅舅家寄养。一年之中，她父母只会去看她一两次，以至于她小时候心里根本就没有父母的概念。舅舅家在农村，一个大家庭，有很多小孩，她能够受到的关爱之少就可想而知了。十三岁上初中的时候，她才回到父母身边上学。

这些信息，让我理解了她为什么会有那些问题。六岁之前，是一个人的人格形成的关键时期。在这个阶段跟父母的分离，其坏的影响怎么估计都不会过分。孩子对这样的分离还不能产生清晰的理性判断，但她会感觉到，她最信任、最依赖、最需要的人离开了她，把她“抛弃”了。这种感觉会很深地种植在她心中，使她不能再相信任何亲密的关系。成年以后，在她有可能跟一个人发展出亲密关系的时候，内心害怕被抛弃的恐惧感就会被激活，使她逃避这种关系，以避免重蹈覆辙。

从某种意义上来说，来访者和心理医生的关系，也是一种亲密关系。双方共同探讨的是一个人内心最深处的东西，所以这种关系的亲密程度，甚至会超过治疗之外的一切关系。当然，这种亲密是纯精神的和象征性的，它的目的是让心理医生给来访者以帮助，而不允许心理医生从中满足任何私欲。一旦治疗结束，一切关系也就都结束了。很多国家的法律都规定，心理医生不得跟来访者发展任何治疗室之外的私人关系。

在跟我的治疗关系中，这位来访者也在避免对我的信任、依赖和需要（她恰恰是很需要心理医生的帮助的）。具体的表现是，她连起码的治疗规则都不能遵守。例如，我们约定每周谈一次，她答应得好好的，但经常是两三周才来一次；我们事先也说定，如果终止治疗，必须打招呼，但在一年多以前谈了最后一次之后，她就再也没有出现了，完全是不辞而别，让我也尝到了她曾经体验过的“被抛弃”的味道。但我能够理解她，因为这恰恰是她的问题所在，她无法跟一个人走得太近，哪怕是她的心理医生。现在我只要一想到她和跟她类似的来访者，心里就涌起阵阵伤感与无奈。

父母可能犯的另一个主要错误是，跟孩子距离过近，给了孩子过多的关注和关爱。关系过于亲密，双方缺少各自的回旋空间，其危害程度不亚于疏远。人对独立的需要是很强大的，特别是成长中的孩子，独立是他们内心最强烈的愿望。过近的距离，显然会扼杀孩子的独立性。或者换句话说，过近的距离，会使父母对孩子的爱变成对孩子的控制。爱和控制会成正比例增长，爱得越多，控制得也越厉害。孩子不可避免地会在这种控制中受到伤害。遗憾的是，很多父母不明白这一点，他们以为爱得越多，对孩子的成长就越有利。一个在亲密关系中受到过多控制和伤害的人，或者说一个被“爱”所伤的人，在将来自然会逃避跟他人的亲密关系和“爱”。

这里也举一个例子，是我的一位同事家里发生的事。这位同事是一名护士，在单位是优秀员工，在家是典型的贤妻良母。尤其对儿子，真是无微不至。儿子高中毕业之前，连手绢都没有自己洗过，更不用说做饭、洗碗和其他事情了。除了做功课，儿子的一切都由她包办。儿子对她也很依恋，依恋到了在学校没有一个知心朋友，放学就回家的程度。有什么心事，包括一些青春期男孩的心事，都只跟她谈。她一直都对这一点很满意，认为自己在尽一个母亲的责任，也认为自己做得比孩子的爸爸要好。可她根本没想到，儿子都被她调教、控制得像一个宠物了。儿子的问题是在上大学之后出现的。他考上了很远的一个城市的大学，到大学之后，就几乎每天给家里打电话，跟母亲谈一些学校和同学的事。开始的时候，谈的那些事都很琐碎，无所谓好坏，但慢慢地，内容就变得很糟糕了。有时候说同寝室的一位来自乡下的同学不讲究个人卫生，有时候又说一位当地的学生有优越感、很霸道，等等，总之是人际关系出了问题。而且到后来，儿子的问题越来越严重，最后书读不下去了，只有休学回家。

这个孩子，就是被爱所伤的典型。首先被伤害的是他独立处理问题的能力，然后是跟母亲之外的人建立亲密关系的能力——他无法在同学中再找一个替他包办一切的人，所以他就干脆找一些理由，拒绝跟他们来往。从更深的层面来说，他是在拒绝更多的人以爱的名义对他实施控制，这种控制意味着除了学习，其他的事情，包括交朋友、谈恋爱、做游戏，我们都给你包办了。十八九岁的男孩子，谁会同意这样的，哪怕是温柔的控制呢？

除此之外，距离过近可能导致的另一种后果是，孩子的独立性在跟父母过近的关系中被扼杀，以至于他只习惯跟人的近距离关系，也就是自我界限不清楚。那也是问题，甚至可能是更大的问题。他会试图跟所有人建立亲密关系，这样做的危害显而易见。

这也有一个例子。有一个女孩，在成长的过程中就跟父母的距离过近。不幸的是，她把这种近距离的关系带到了她的所有人际关系之中，很容易就跟人走得很亲密。她曾经有很多的女性朋友，关系好得形影不离，但到最后，都反目成仇。她从别人那里要求太多，在被拒绝的时候，怨恨就产生了。她也曾经谈过多次恋爱，但后来都是男方主动离开了她。从旁观者的角度看，那些男人离开她的原因是，她太“纠缠”，太离不开别人的关注与呵护。别人会想，谈恋爱时尚且如此，结了婚还了得？在她二十七岁那年，在又一次失恋之后，她自杀了。她的遗书上写道：这个世界上没有一个真正可以信赖、可以依恋的人。也许她是对的，因为能够担当得起她那么沉重的信赖和依恋的人，本来就很少见。

前面已经说到，父母跟孩子的关系太近或太远，都可能会损害孩子将来跟他人建立亲密关系的能力。中庸之道在这一点上又一次显示了它的正确性：不近不远才是最好的。但在遇到具体事情时，却比较难把握。有一个专业术语，也许能帮助我们把握父母与孩子的关系的分寸。这个术语听起来一点都不专业，叫作“足够好的妈妈”，是英国一位著名心理医生的杰出创造。它的意思是，妈妈要足够的好，在孩子需要的时候在孩子身边，满足孩子的需要。把孩子送到别人家寄养的妈妈，显然不符合这样的标准。但是，也不要做“完美的妈妈”，不要把心思百分之百地放在孩子身上，不要要求自己十全十美，“足够好”就可以了。为孩子包办一切的妈妈显然也不符合这个标准。当下中国有无数独生子女的妈妈，相信她们中间想做“完美妈妈”的肯定有很多，这里要告诉她们的是：千万别做“完美妈妈”，“完美妈妈”会伤害你们自己，更会伤害你们的孩子。

很多人都在强调父母的态度对孩子成长的影响，但我们也不要忽视孩子自我成长和自我教育的作用。成长是一辈子的事，自我教育是最为重要的教育。很多人有不幸的童年，但他们一样成长得很好，有着健全的人格和骄人的成就。不犯“错误”的父母是不存在的，如果一个成年人把自己的问题完全归罪于父母，那是在推卸责任，是在犯比父母当年所犯错误更大的错误，也是在抛弃此时此刻的成长的机会。

元代大书画家赵孟頫的夫人写过一首词，叫《我侬词》。这首词也许是对亲密关系最为形象的描述了：

“你侬我侬，忒煞情多；情多处，热似火；把一块泥，捻一个尔，塑一个我，将咱两个，一齐打破，用水调和。再捻一个尔，再塑一个我。我泥中有尔，尔泥中有我。我与尔生同一个衾，死同一个椁。”

能够把自己的感情如此深刻、全面地投入与一个人的关系之中，这样的人真值得羡慕。而能够遇到值得自己如此投入情感的人，就更值得羡慕了。这样的投入，首先需要足够的自信，相信自己配得上别人如此的投入；然后需要极大的勇气，不害怕血肉相融之后可能出现的分离，以及分离时撕肝裂肺的痛——我中有你，你中有我之时，分离又岂止是痛而已？简直就是毁灭了。但在那样爱过的人心里，毁灭也许并不是一件大不了的事了。

除了爱情之外，友情也可以发展得很亲密。从情感的本质来说，友情跟爱情很相近，只是前者没有肉体上的“亲密”而已。一个成长得很好的人，会同时拥有和享受这两种情感，使自己的情感生活既深沉厚重又绚丽多彩。

学习困难的差生是被父母“好心”培养出来的

如果有人问，对中国一家三口的家庭来说，什么事情是最重要的？估计绝大部分人会异口同声地答孩子的学习最重要。因为孩子的学习不仅事关孩子本人的前途，还关系到家庭此时此刻的“安定团结”：孩子学习好，大家都高兴，矛盾自然就少；孩子成绩差，大家都憋着怒火，一点鸡毛蒜皮的小事就可以酿成很大的冲突，家庭可能永无宁日。

统计资料表明，中国有上千万学习困难的孩子。不争的事实是，这些孩子学习困难的原因并不是他们的智力有问题，这一点不难理解。那些上了名牌大学的孩子，并不一定就比没上的孩子聪明。是周围的环境，特别是家庭的环境和父母的教育方式，导致了他们学习困难。以下是很多临床案例中的一个。我们来看一看，一个差生是怎样被好心的父母“培养”出来的。

龙先生和龙太太带着他们十五岁的儿子龙伟来看心理医生。在咨询室坐下来后，夫妇俩都是一脸的阴沉忧郁，龙伟表面看起来满不在乎，但他不断地搓着手，心里还是很紧张的。例行的寒暄之后，龙先生开始介绍情况。

龙先生说："龙伟小时候是一个很聪明的孩子。在幼儿园里，他是最受老师喜爱的小朋友，老师总把发饭勺、领读、领操之类的事情交给他做，这在小朋友眼里都是很大的荣誉。他学习也很好，接受能力很强，什么事一教就会。我们很后悔的事情是，那个时候没有让他养成良好的学习习惯。比如，没有让他要学习就专心致志地学习，不要思想开小差，一边学习一边想着玩。

"从读小学一年级开始，他的学习就成了我们家庭一切的中心。我和太太有两个原则，也被戏称为'两个凡是'，也就是：凡是有利于孩子学习的事情，我们都要不遗余力地去做；凡是不利于孩子学习的事情，我们坚决不做。相信别的家长也会这样，但可能不会像我们遵守和坚持得那么好。比如说，他做作业的时候，我们就不看电视，免得电视的声音会影响他，也免得他总是想着电视里有什么好看的节目。不仅如此，我们在家里说话都轻言细语的，生怕让他分心。

"还有，只要他做作业，我和他妈妈就要保证有一个人在旁边，督促他，或者解答他不懂的问题。当然，我们文化水平不高，他上了初中后，有些问题我们就没办法帮他解决了。所以，从他上初中二年级开始，就专门给他请了家教。请的家教是一个二十岁出头的小伙子，来自边远的农村，家里很贫穷，从小就要边做农活边学习，现在还需要做家教赚点学费和零花钱。所以请家教除了教他知识以外，还想让他有一个学习的榜样。别人那么差的条件都可以学得那么好，他这么好的条件不学好就说不过去了。

“我和孩子的妈妈很早就对孩子进行学习的重要性的教育。对我们这样没有什么背景的家庭来说，孩子只有学习好，考上大学，今后才有出路。考不上大学，找不到好的工作，吃饭可能都会成问题。这些道理给他讲了无数遍，他就是听不进去，成绩总是中下等，离幼儿园的‘辉煌’越来越远，怎么就走这么大的下坡路呢？你还不能说他不认真，他也很少出去玩，放学回家后吃完饭就到自己的房间里做作业，但就是学习效率不高，成绩上不去。我们从报纸上看到，孩子的学习有问题，多半是心理上的原因，所以就带他来了，想着医生能帮帮忙，让他真正意识到学习的重要性。我们说什么反正是没有什么效果的。”

当了心理医生这么多年，这样的案例见得实在是太多了，而且不仅是在我的咨询室里，在我身边的熟人和朋友圈子里，这样教育孩子的方式和话语几乎天天都可以看到和听到。所有这些问题，实际上都是好心办了坏事。或者说，父母不自觉地造成了一个跟他们自己的愿望相反的结果：他们本来希望孩子学习好，但他们的说法和做法，却导致了孩子学习不好。

我还想听听母亲的想法。龙太太说："孩子他爸说的完全符合事实。我也总给孩子讲，我们为你的学习做出了很大牺牲，不仅花了很多的钱，还牺牲掉了自己的业余生活。我们几乎不出去玩或者串门，总是在家里陪你；不让你做任何家务事，除了学习以外你不用操任何心。这样，你还学不好，很对不起我们，当然，对不对得起我们倒是次要的，最重要的是对不起你自己。我们迟早会老、会死，将来你只能靠自己。可随便我们说多少，就是没有用。他的成绩还是老样子，总上不去。明年就上高中了，到了高中，有些同学会更努力，你的相对名次就会下降，到时候高考，差一分都会有很大不一样，要花很多钱不说，关键是不能上好的大学和选好的专业，将来就麻烦了。我的一个同事的孩子就是这样，上的学校不好，专业也不好，毕业两年了，还没找到工作，还在家待着。另一个同事的孩子，上了好大学，专业又好，一毕业就在一家中外合资的大公司工作，现在都自己买房子了。"

看起来龙太太还有很多话说，但我不太想让她继续说下去了。我注意到龙伟的手搓得越来越快，越来越用力，这些话他显然已经听过无数次，每多听一次就多焦虑一分。我问龙伟想说什么，他说，爸妈都说得很对，都怪自己不好，成绩总上不去。说完就继续低下头搓手。

我感觉到，龙伟是被内疚和自责淹没了，他不可能在自己该做好的事情没做好的情况下动脑筋想，他为什么没有做好。于是我开始对龙先生和龙太太提问。我说："你们真的做了很多的努力，想让孩子的学习成绩好。比如，你们在孩子学习的时候不看电视，小声地说话，为的是不发出噪声，不让噪声干扰龙伟的学习。但是，我们可以说世界上有两种噪声。一种是电视、说话等来自外界的噪声，而另一种是来自心灵内部的噪声。你们说说，有没有可能是来自心灵的噪声干扰了孩子的学习呢？”

龙先生和龙太太面面相觑，没有听明白我说的是什么意思。眼看这一次的五十分钟咨询时间要到了，我征求龙伟的意见，我可不可以下一次单独跟他爸爸妈妈谈一谈，他点头同意了。于是我就当着龙伟的面跟龙先生夫妇约好了下次见面的时间。

接下来的那次咨询一开始，我首先说他们是很爱孩子的父母，很负责任的父母，他们为孩子所做的一切让我很感动。但方式上有需要改进的地方，也需要更多地理解孩子的处境。然后我接着上次的话题说，在龙伟学习的时候，他还在想着学习以外的事情，他想的事情，以及由想这些事情导致的情绪反应，就是他心里的噪声。这些噪声，比外界的噪声，如电视的声音、说话的声音，“音量”都要大得多，危害当然也要大得多。比如以下几点，他是不可能不想的，想了也是不可能没有情绪波动的：

一、学习很重要，很重要，很重要——这是在想学习的重要性，而没有想学习本身，比如做某一道数学题的时候，花了大量的时间想着的是这道题做好了可以得多少分，而没有想或者没有心思去想这道题该怎么做。这样子能把题目做好吗?

二、父母为我的学习做出了很大的牺牲，不学好对不起他们——内疚的“噪声”。内疚是一种极其恶劣的情绪体验，可以导致极大的精神负担。背着如此巨大的包袱学习，与轻装上阵相比，效果不可相提并论。

三、如果我学习不好，我就全完了，全完了，全完了——这是恐怖的“噪声”，相当于被手枪的枪口对着，这样学习，脑子可能一片空白，手可能会颤抖，植物神经系统的功能可能会紊乱。没有人在这样的状况中还能够从事学习这样的智能活动。

四、别人都比我强——这是惊慌的“噪声”、自卑的“噪声”。一个人总是被这样暗示，就会精神涣散、斗志全无。想想看，你们作为成年人，精神的力量应该比孩子要强大吧?但是，如果你们单位的领导总是通过说某某比你工作得好来激励你，那你最后是会被激励得有干劲了呢，还是可能被打垮?估计是会被打垮的。成人都会被打垮，孩子就更不用说了，孩子更加脆弱。更糟糕的是，这样的教育的后遗症不仅会以成绩不好表现出来，还会通过人格上的软弱表现出来。到时候就不仅是有没有知识的问题了，还会是有没有健康的精神，以及能不能过正常人的生活的问题了。

五、当然还有一点普遍的情况，就是他可能还惦记着学习以外的事情。小孩子哪有不爱玩的?就像成年人也不能整天工作一样，孩子也不能整天学习。至少学习不应该是孩子成长过程中唯一的内容。让他玩一玩，跟其他孩子多接触接触，只会对他的学习有好处。

我接着举了一个例子。毛泽东年轻的时候，有意识地在菜市场之类喧闹的地方读书，以培养自己的定力。在那样的地方读书，外界的噪声可以全不入耳，这为他以后在枪林弹雨中冷静思考打下了良好的基础。而你们虽然没有制造任何外界的噪声，但你们说的话和小心谨慎做的事，却“插”在孩子的心里，让他不能集中注意力。这样的噪声干扰，就是龙伟成绩上不去的重要原因。

龙先生夫妇听了我的分析后很震惊。他们承认我说得有道理，但还有些疑问。我们做了一些讨论。龙先生担心的事情是，如果不督促他、不给他讲道理，那他会自觉地学习吗？我笑着回答说：“反正在这之前你督促了也没用，对不对？”然后又反问他，“在你十五岁的时候，你觉得父母应该怎么管你最好？”龙先生说：“我那个年龄已经很懂事了，不用父母管。”我说：“应该一代更比一代强嘛，龙伟就更不用你管了，或者说不用管得太多。”

这次咨询结束的时候，我半开玩笑半认真地说：“如果你们出去打打麻将、串串门，可能会对龙伟的学习有好处。”龙太太笑了笑说：“也许。”

再后来，我又单独跟龙伟谈了几次，主要是消除他心里的“噪声”，让他学会怎样轻松地学习、从容地学习、愉快地学习。他告诉我，现在他感觉到他爸爸妈妈离他“远”了一点，不像以前一样总盯着他，这让他的心很静。龙伟的确是一个很聪明的孩子，心里的噪声一消除，成绩慢慢就上去了。中考的时候发挥得不错，考上了一所重点高中。在三年的高中时期，成绩也一直在上升。

最后一次见到龙伟，是去年的 9 月。他父母带着他来我们医院，让他亲口告诉我他考上了首都一所重点大学的消息。我当时想，龙先生夫妇对孩子的愿望已经变成了现实，不过是通过另外一种方式变成了现实的。

我们对孩子，为什么比对自己还苛刻

从物质的层面来看，家就是由几堵墙、几块天花板围成的一个空间。风霜雪雨被阻挡在这个空间之外，身处其中的人都觉得安全和温暖；从心理的层面来说，家庭是每一个家庭成员躲避外界压力的地方，尤其对孩子来说，他们的心灵还过于弱小，无力抵御各种外界的压力，所以，家或者说家中的成年人对他们来说，就是帮着他们抵挡压力，以便他们能够健康成长的万里长城。

举个例子，如果有歹徒闯入家中，理所当然地应该是父母挺身而出，直接面对歹徒的威胁，而把孩子挡在他们身后，使孩子免受伤害。相信几乎百分之百的父母实际上会这样做。在这种情形下，没有父母会对孩子说，你去把歹徒赶出去。因为这样做不仅达不到驱除歹徒的目的，而且他们自己都会觉得这样做简直就是伤天害理。

但是，如果不是看得见、摸得着的“歹徒”给家庭制造了压力，或者说，如果是来自外界的心理压力给家庭或孩子造成了恐慌和威胁，那很多父母的处理方式就有些问题了。他们往往在自己都无法面对那些压力的情况下，把孩子推到第一线去，面对“腥风血雨”。最后不仅达不到他们希望的效果，反而使得孩子的心灵破碎，“遍体鳞伤”。

作为心理医生，我实在见到了太多的逼迫孩子“上前线”，而自己躲在孩子身后，只管吆喝的父母。当然，在心理医生的帮助下，一旦他们意识到自己的所作所为有多么不合理，他们还是能够勇敢地改变自己的。以下是比较典型的一例：

这是一个普通的三口之家。父亲叶先生是机关干部，母亲刘女士是一家企业的财务人员，他们的儿子叫涛涛。涛涛是一个很聪明的孩子，整个小学阶段，他总是可以保持班上前几名的好成绩。但他有个毛病，就是贪玩。下课玩倒也罢了，但他上课也玩，比如玩小玩具，或者跟邻座的同学动手动脚，等等。好在他的历任班主任都有点“以成败论英雄”，看在他成绩还不错的分上，对他总是网开一面，只要不是太离谱，也就不怎么深究。有一任班主任甚至曾经说，他啥都懂了，还让他听课，那不是把他当傻瓜吗？他可不傻。涛涛的父母每次去开家长会，班主任都要说上一句：“你家的孩子太调皮了，可能比较适合在美国上学。”但这话是笑着说的，语气中实际上还包含许多欣赏的成分，所以夫妇俩也就没怎么注意。

小学毕业后，涛涛进入一所重点中学的初中部，情势顿时大变。重点中学的学生承受的压力是非常大的，老师承受的压力也非常大。涛涛的班主任是一个三十出头的女老师，是这所学校最优秀的青年教师之一。在两年前的中考中，全市中考第一名就出自她带的班，她一时声名鹊起，得到了很多荣誉和嘉奖。

新到一个学校，涛涛“老实”了几天后就“旧病复发”，很快成了“坏孩子”的中心。在第一个学期里，他把能够做的“坏事”都做了，而且屡教不改：上课找同学说话、到处递字条、偷看课外书、玩掌上游戏机、跟同学打架，等等。班主任周老师忍无可忍，多次叫涛涛的父母到学校去，希望家长能够协助老师管好涛涛，以免他不仅自己学不好，还影响班级和其他同学的学习。

涛涛的父母多次很严肃地跟涛涛谈话，要他起码遵守学校的纪律，可是没用。后来叶先生使用了“武力”，但也没用。开始还能够起几天作用，但后来，涛涛的反抗越来越强烈，有一次竟然到了动手还击的程度。叶先生经常气得全身发抖，刘女士则在一旁痛哭。

一个学期下来，涛涛的成绩下降到了班上的最后几名，整个家庭陷入了混乱之中。当年因为家庭经济条件不好，叶先生自己只上了中专，就早早地参加了工作，这使他的工作能力和升迁的机会都远远不如有较高学历的同龄人。如此的切肤之痛，使他无论如何都不允许儿子重蹈自己的覆辙。刘女士也是一个心高气傲之人，儿子在学习上不如其他孩子，是她绝对不能接受的事实。

涛涛的处境每况愈下。由于班主任的“分化”工作，在学校里跟他亲密无间的“战友”越来越少。几乎所有的任课老师，都对他“另眼相看”。一些很看重学习的女同学甚至给他取了个绰号，叫“光光”，意思是外表还是挺光亮的，心里却一塌糊涂；当然，也有讽刺他一考试就输得精光的意思。这让涛涛心里极其难受。

像很多有类似处境的孩子一样，家里和学校里都无法待下去时，网吧就成了涛涛的天堂，旷课成了家常便饭。只有在因特网建构的虚拟世界里，他才可以找到些许的自信和尊严。当然，家人不会让他这样下去。叶先生经常强制性把他从网吧里拖回家，刘女士则在网吧里当着众人的面跪着求儿子回家。

事情到了这种地步，如果不发生奇迹，涛涛未来的前景似乎就已经注定了。这世界上没有奇迹，但却有科学。科学所能达到的效果一点都不逊于奇迹。有一天，叶先生从报纸上看到了我们医院的名字，心想涛涛是不是有心理问题，结果他回家跟涛涛一提到看心理医生，涛涛就怒发冲冠，大吼了一声“你们才有病”，就回到自己房间去了。

被逼无奈，抱着死马当活马医的态度，夫妇俩只得自己先到我们医院来咨询。叶先生心里直打鼓：我的拳头都没办法改变涛涛，难道医生的嘴皮子比我的拳头还厉害？

我接待了叶先生夫妇。在第一次五十分钟的谈话里，我了解到了涛涛的状态和学校、家庭的情况。在随后的两个星期里，我和他们夫妇俩又谈了四次。在第四次谈话中，我开始了治疗性的干预。

我首先抛出了这样的问题："假如家里来了歹徒，你们会让涛涛去面对，自己却躲在后面吗？"夫妇俩几乎有点愤怒地回答说："你把我们当什么人了？我们怎么会那样！"

我说："那就好，这证明你们很爱孩子。我现在想让你们看一个图，这个图是我根据和你们几次谈话的内容画的。"我把图交给他们，他们认真地看起来。图是这样画的：在图的最上方，画着一朵铺天盖地的云彩，云彩上写着"以高分数、升学率为指导的学校教学理念"；云彩下面，压着涛涛所读学校的校长；被校长压着的，是涛涛的女班主任。在女班主任的肩上，又另外画了一块石头，上面写着"维护既往荣誉的压力"。跟女班主任处在同一个平面上，同时压着涛涛的，还有其他科目的老师，每个老师身上都挂着一个牌子，上面写着"做一个好老师的压力"。

涛涛的左右分别画着一些男女同学。他们做出了挤压涛涛的姿势，身上也都挂了一个牌子，上面写着"超过他人，争取第一"。在涛涛的下面，叶先生和刘女士双手向上顶住了涛涛。叶先生身上的牌子写着"没上大学之憾"，刘女士身上写着"不能丢面子"。

涛涛所承受的各方面的、巨大的压力，在画面上表现得惊心动魄。稍微替涛涛想想，都会觉得他能好好活着就已经是很不容易的事情了。我在对图画做了些解释后，继续对叶先生夫妇说："涛涛也许天性比别的孩子要活跃一些，所以他需要比其他同学更宽松一点的纪律约束。一个好的、更加以人为本的学校，在纪律上当然也应该个体化一些，不能'一视同仁'。这不仅不会乱套，还会增加班级的活力。不过，要实现这样的理念也许要等上好多年。但我们不能等了，我们要马上做点什么，才能扭转目前的局势。"

我接着说："我们暂时无法减轻来自社会和学校的压力，但是我们可以很快减轻家庭给他的压力。看这个图，如果你们不从下面给他施压，那就如同网开了一面，他起码有地方可以躲一躲了。比如，如果班主任再找你们谈话，你们还是可以像以前一样应付她，免得形成对抗。但回家以后可以'阳奉阴违'，把她的话置于脑后，不再像以前一样把外面的和自己的烦恼、担心、焦虑劈头盖脸地抛到涛涛身上。"

叶先生夫妇面色凝重。我知道，这种转变对他们来说实在太难了。而且，他们也会担心，这样子"放涛涛一马"，会不会使他越跑越远。我安慰他们："这样做的目的，实际上是让你们用肩膀帮涛涛承受一部分外界的压力，抵挡一些具有伤害性的风风雨雨，使他有一个可以从容不迫地改变自己的环境。"最后，我还给叶先生布置了一个作业：每周和涛涛一起做三件与学习完全无关的事情，比如购物、上网、玩游戏，等等。

作为父亲，有亲情垫底，一旦知道了自己怎样做才能保护自己的孩子免受伤害，那他做起事来真的是不遗余力的。叶先生做得非常好，刘女士也配合得很好，任外面惊涛骇浪，夫妇俩都把家庭的气氛调整得平静而温馨。在接下去的半年里，叶先生不仅替涛涛承受了学校的压力、成绩不好的压力，还暂时把自己对涛涛前途的忧虑抛在一边，仅仅是陪涛涛“玩”。父子关系变得前所未有的好。直到有一天，在两人外出游玩回家的路上，涛涛突然问：“爸爸，我这样下去，如果成绩总是不好，将来怎么办啊？”听完这话，叶先生眼泪都差点流下来，心想：原来涛涛也是很担心这个呀，以前我总是试图强制性地让他明白成绩不好就没有前途，结果适得其反；现在我假装不担心了，他才把自己的担心说出来。他镇静地回答涛涛：“我们不着急，离考大学还有四年多，来得及。即使第一次考不上，复读一年也没关系。”涛涛听了，若有所思地点了点头。

我们可以说涛涛“疯”够了，也可以说涛涛就那么开窍了，或者说他心情一好，干什么事情就很专心了。总之，在接下来的一年多里，涛涛自觉地拿起了书本，并且多次拒绝父亲出去玩的邀请。涛涛无疑是聪明的，初中课本也就那么点东西，他一旦不受干扰地用心去学，成绩上去就是很自然的事情了。班主任看到了涛涛的改变，及时地鼓励他，使他更加努力起来。

在接下来的中考中，涛涛的成绩是全班第三名，考上了省重点中学的高中部。叶先生夫妇俩来到医院向我报喜，说是我救了他们的孩子。我认真地说：“我没有能力救他，应该是你们救了他——你们打败了外面的‘歹徒’，使他免受伤害，你们是天下最好的父母。”

教师、家长的唯一工作是保护孩子的学习兴趣

新闻背景：据报载，一位湖南的老师对他的学生们说，读书的目的就是赚钱和娶漂亮老婆。消息登出，一时间舆论哗然。

把学习的目的说成是赚更多的钱和娶漂亮的老婆，实在是说出了一个很朴素的愿景。这年头，敢如此说真话的人实在是少之又少了。即使是口头上或心里都怀着崇高的学习目的的人，在其自己都意识不到的内心深处，都可能有金钱、美女的动力在支撑着。因为人的动机是多层次的，只承认一种动机，可以肯定地说是虚伪的。

但是，这位“可爱”的老师不管怎样还是错了，原因如下：

第一，我们已经说过，人的动机是多层次的，所以，他只强调金钱、美女是偏颇的，或者说相对于只强调崇高的学习动

机那些人而言，他是另一种虚伪的代表。我们可以想象一下，仅仅在低层次的动机支配下学习的人会学成什么样子。这样的人可能是很自私的，任何妨碍他实现目标的人和事都会成为他的眼中钉、肉中刺；他还可能是一个狭隘的人，除了他的目标之外，他可能不知道世界上还有其他同样美好，甚至更加美好的东西；他也可能是一个毫无乐趣之人，不具有享受纯净的、精神上的愉快的能力；最后，按照中国传统文化的说法，他可能是为身外之物所累的人，从而退化成一个只知道物质和肉体享乐的低级动物。我们甚至可以不带恶意地猜测一下他与他处心积虑娶到的美丽老婆的关系可能是什么样子：极端的情景可能是，随着地位的升高，美丽的标准可能就会改变了，这样的关系还可能是稳定的吗？

第二，一切真理都是相对的。一个真理在一个地方可能是真理，在另一个地方则可能是谬误；或者在某一个时段是真理，而在另一个时段是谬误。这位老师显然是在非常不恰当的地方，说出了这个所谓的愿景，所以，他所说的内容，可以被认为是谬误或者谬论。在学校的讲台上所说的话，目的理应是使学生的低层次动机升华为高层次动机，或者换句话说，为人师者应该使学生把为金钱、美女而学习的动力置换成为他人、民族、国家甚至全人类。这位老师却反其道而行之，把高层次动机转化为低层次动机，实在是不配“教师”这个崇高的称号和职业。如果他能够把低层次动机和高层次动机结合起来教育孩子，说不定可以使他的儿子成为一个“公私兼顾”“全面发展”的人才。

第三，说实话，金钱、美女的目标也不是太难达到。不管怎样，比得诺贝尔奖要容易一些。在现在这个和平繁荣的时代，可以说是黄金遍地、美女如云。目标达到了之后难道就不需要学习了吗？把目标定得如此之低、如此之僵硬，实在是一件很危险的事，弄不好学习的动力和生存的动力同时丧失。有好多人在艰难困苦时精神抖擞，而在功成名就之后反而萎靡不振，就是这个原因。

第四，从技术上说，死硬地追求一个目标，在某一个目标上用力过重，反而有可能追求不到。想想比尔·盖茨先生，在最开始，他绝对不是为了钱才玩电脑的。西方谚语说，财富像女人一样，你越追求它，就可能越追不到；你想远离它的时候，它自己就跟着你走。这把金钱、美女都说到了。这位老师出此“妙论”，也许还以为自己是看破世情之人，但就凭其技术上的笨拙，他也不算是。真正看破世情的高手，会在或有意或无意间追求他的目标，不露声色，也不广而告之。

第五，也是最重要的，我们应该从根本上反对为任何目的而学习的教育方式。学习应该只有一个目的，那就是学习本身，就是只为了学习本身带给我们的乐趣。任何其他的动机，不管是低级的还是崇高的，都可能对学习最纯净的动机造成污染。

第五点需要展开说明一下。

我们经常看到的情境是：父母指着捡垃圾的人对孩子说，你若不好好学习，长大了就跟他一样。孩子的反应有两种：一种比较幽默，孩子会说，捡垃圾很好玩呀，长大就捡垃圾好了，也不用每天做作业了；另一种就比较让人伤心，那些知道捡垃圾辛苦的孩子会被吓着，会在恐惧的追赶之下学习，其学习心态之差、学习效率之低，就是可想而知的事了。很多孩子厌学，就是对这种恐惧的一种反抗形式。

我们对学习的兴趣是与生俱来的。学习是我们学习的最原始动力，不需要任何修饰，纯净而自然，而且比任何其他力量都要强大得多。从这个意义上来说，即使是从纯功利的角度，我们也没有必要用任何低级或高级的动力来替代它。

教师、家长和其他身负教育职责的人都应该注意：你们要做的唯一的工作，就是保护孩子的学习兴趣，千万不要去伤害它，也不要试图用别的东西替代它。只有这样，我们的孩子们才能够真正学得好，才能够在有较高的才能之外，还有高贵而和谐的内心世界；也只有这样，我们的民族才能真正很快地崛起于世界民族之林。

受到外界过多控制的孩子，会在学习之外的方面找回自己的自主感

游戏的名声一直有些不好，这从字面上就可以看出来。随便挑几个由“游”字组成的词，如游荡、游玩、游手好闲等，让人看着就生气；“戏”字也差不多，戏耍、戏言、戏弄等，也不会使人有多少好感。最近几年来，无数的学生家长和老师更是对游戏深恶痛绝，他们甚至认为，游戏，特别是网络游戏，对青少年来说简直是万恶之源。

其实如果我们往深处想，游戏并没有那么可怕、可恶。游戏中实际上还有一些很可贵的东西。第一，游戏的目的是争取胜利，这与学习知识的目的在于取得成功是一样的道理；第二，游戏的过程应该是快乐的，没有人会玩让人痛苦的游戏，这与理想的人生过程也没有区别；第三，玩游戏的人只有都遵

守同一种游戏规则，游戏才会玩得有意思，从本质上来说，这是一种适应现实的能力和方式。

既然游戏在这样一些重要的方面与学习有相似之处，那为什么有那么多的人反感游戏呢？其最大的原因是，游戏不是一门可以养家糊口的技术。虽然也有玩游戏玩得发了财的，但那毕竟是少数人。绝大多数父母还是希望他们的孩子学点正经的东西并以此为生。

在中学，学生玩游戏已经成了老师们最伤脑筋的一件事。之前碰到一位中学校长，他用了近半个小时的时间，向我声讨游戏的罪恶。他举例说，一个本来成绩很好的学生，因为沉溺于网络游戏，结果好几门功课不及格，跟家长和老师的关系也弄得很糟糕。

我听他声讨完毕，问了他一个问题：这个学生为什么喜欢玩游戏？他回答说是为了快乐。我再问，游戏中的什么东西使他快乐？他说，玩赢了、得分高使他快乐。我又问，这跟考试考得好、分数高的快乐有什么区别？这个问题校长先生没有立即回答，他脸上的表情变得有些严肃，半晌才摇了摇头说，这个问题他从来没想过。

我接着问，除了快乐，还有什么别的原因让学生们喜欢玩游戏？这位校长的悟性很好，顺着刚才激发出来的新思路，他回答说还有很多，比如：在游戏中可以获得成就感；所有事情都可以自己做主，想怎么样就怎么样；可以找到自己的价值；可以增加自信心；等等。最后他说，也许是家长和老师在与学习有关的事情上抢夺了孩子的自主性、成就感和自信心，孩子被逼无奈，才希望从游戏中把那些东西找回来。如果孩子能够从学习中获得从游戏中所能获得的一切东西，他们何苦要跟家长和老师对着干呢？

这位校长是对的。如果我们在学习中加入一些游戏元素，比如成就感、快乐和游戏规则，那么游戏本身就不会对孩子们有魔法般的吸引力了。很多家长和老师过分相信谦虚使人进步的老套说辞，以为表扬孩子会使孩子因骄傲自满而落后。但心理学的研究证明，表扬才会真正使人进步。不仅如此，表扬还能够培养良好的性情和人格。在有过多批评的环境中长大的孩子，人格上可能会有明显的缺陷。缺陷之一就是过分自大——这是骨子里的自卑造成的，因为没有人表扬他，所以他就会用自大来补偿。

游戏中快乐的那一部分，父母和老师要尤为重视。因为这正是我们所缺乏的。大家好像都认为，只有表情严肃才是教育孩子和学生的正确态度。而心理学家们则认为，一个人快乐地学习时记住的东西，比不快乐时记住的东西要牢固得多，数量上也要多得多。如果一个孩子学数理化跟玩游戏一样快乐，那我敢和你打赌，他肯定会是所有学生中学得最好的；不仅如此，他还可能是心理最健康的。

游戏的规则，在我看来主要应该是针对家长和老师的。学习上的第一“游戏规则”是：学习是孩子自己的事，应该也必须由孩子自己做主。一个没有受到外界过多控制的孩子，自然而然会学会自己控制自己，使自己把大多数时间和精力用在学习上；而受到外界过多控制的孩子，则会在学习之外的方面找回自己的自主感。失控地沉溺于游戏，本质上是对外界控制的一种反抗，而且有强烈的病理性味道，这就是我们觉得这样的孩子多半有心理问题的原因。所以，不尊重孩子的自主性的代价，不仅仅是失去一个优秀的孩子，还可能会制造一个问题孩子。

后来我还问了前面提到的那位校长一个问题：一个人在同一个时间段里，或者说一个人在他的一生之中，可不可以做好两件或者两件以上的事情？这位校长知道我指的是什么。他回答说，学习也好、游戏也玩的学生，那也是有的。我说，当然应该有，我们的孩子都那么聪明，同时做好两件事根本就不是问题。如果他们因为玩游戏而受到家长和老师的严厉指责，而他们心里又想去玩，那他们就要在学习和游戏之外多做很多事情——撒谎、吵架、担心被发现、承受惩罚等，这样一来同时做的事情就太多了，难免会手忙脚乱，结果是一件事都做不好，最后弄得自己和周围的人都不愉快。

游戏和学习，表面看起来是水火不相容的两件事，竟然有那么多的相似之处。更令人惊异的是，让人有好感的学习竟然还可以从臭名昭著的游戏中“学习”到那么多有用的东西。如果一个人的一生都被学习的游戏或者游戏般的学习充满，那他暮年回忆往事的时候，就绝不会认为学生时代的生活是地狱一样的生活了。

真爱就是不功利、不势利地爱他人

想有个女儿，就有了一个女儿，真觉得老天待我不薄。女儿健康、聪明、漂亮，再加上周围没有跟她同龄的孩子，她就自然而然成了她生活环境的中心。赞美之声铺天盖地，这也无形中增加了我对她的爱。我常常自以为即使不是天底下最好的父亲，那也会是最好的父亲之一。

随着女儿慢慢长大，作为父亲的自豪感和幸福感也与日俱增。有时候我甚至想，这样下去，在女儿十七八岁的时候，我会不会被这些幸福的感觉撑得爆炸？

不必等到那个时候，我作为父亲的骄傲就受到了打击。女儿两岁左右的某一天，我带她去一个儿童乐园玩。也许是因为她不经常去那些地方，所以她的表现和另外一些跟她差不多大的孩子比起来，要差上一大截。在蹦床上，一个比她还小两个月的女孩跳得兴高采烈，而她却战战兢兢地坐在旁边。我把她扶到中间，她随着别人跳的节奏跳了一两下，就摔倒了，立即哭声震天。我反复地鼓励她继续跳，但没有成功。失望感开始在我的心中增长，甚至隐隐地还有一些愤怒。我想换一种方式，就把她抱到一个较高的滑梯上，要她往下滑，她却死死地抓住滑梯的扶手，无论如何都不松手，一边哭一边说“怕”。

在意识到心中的失望和愤怒有点不可抑制的时候，我知道我需要好好想一下了。我把她抱到地上，让她去玩那些皮球、木马之类的东西，自己找了一个地方坐下，远远地看着她。整理完心思后，我对女儿的失望和愤怒消失得无影无踪，取而代之的是自责和羞愧。我自以为是好父亲，自以为爱女儿，原来爱她是因为她的聪明、漂亮、勇敢，可以让父亲骄傲，一旦她不聪明、不漂亮、不勇敢，或者一句话，一旦她不能满足我做父亲的虚荣时，父爱也就没有了。父母对儿女的爱尚且如此功利，那这个世界上还有什么真爱可言？父女之情尚且如此虚伪，那别的情感又有什么价值？女儿的一生还长得很，仅仅是因为“不勇敢”，就让我对她的爱打了这么多折扣，那以后如果有人比她更漂亮，有人在学校的成绩比她更好呢？难道我就不爱她了吗？在这一刻，世界上有多少孩子正在因为成绩不好挨父母的打？我会成为一个打女儿的父亲吗……

心里正难受时，女儿跑过来抱住我。感受着她对我的依恋，想着她绝对想不到，在不到二十分钟的时间里，世界上那个对她来说最重要的人跟她的距离，竟然发生了那么大的变化，由近而远，再由远而近。又想，她会不会只在我能保护她的时候爱我，而会在我病弱的时候不爱我了呢？相信她不会，但必需的前提是：她的父亲——我不再功利地、势利地爱她。我紧紧地抱住女儿，视线慢慢变得模糊。

由此联想到老师跟学生的关系。老师爱学生，几乎跟父母爱子女一样天经地义。但遗憾的是，这种爱里，也有着越来越多的功利：老师爱成绩好的学生，而不爱成绩差的学生。想到自己曾经是那种被爱的学生，心中又多了一些对不起他人的愧疚。

人生在世，完全免俗也确实太难。但不管怎样，在心中保留一些无条件的爱的情感，对自己、对最爱的人来说，都非常重要。这种情感比储存金银和货币重要，也比获取桂冠和地位重要，很多的时候，甚至比生命更重要，这是因为，生命只因这些情感才是享受而不是苦役。

不要用“完美”过度控制孩子

有一个培训心理治疗师的英文录影带，内容是关于母婴之间互动关系的，看完后给我留下的印象非常深刻。

看录影带之前，老师简单地介绍了一下母亲的背景：二十九岁，出身名门，各方面都近乎完美。有金融方面的硕士学位，在一家著名公司担任高层管理人员，年薪是一般工人的十多倍。其夫大她四岁，某大学博士、副教授。两人两年前结婚。录像是在他们的儿子八个月时拍摄的。

开始放录像。豪华的房间，豪华的家具，虽然儿子还小，但一个二十余平方米的房间里已经放满了各种各样的玩具。孩子的母亲一如大家在听老师介绍时的想象：年轻、漂亮、气质不凡。孩子在睡觉，母亲在厨房准备孩子的食物。孩子的哭声从卧室里传出来，母亲放下手中的事去抱孩子。孩子在母亲怀里仍哭泣不止，母亲想尽办法，抱着孩子来回走动，轻声细语地跟他说话，给他喂奶，在他手里放一个玩具，抚摩他……全都不管用，孩子还是哭。从画面上看到，母亲的面部表情没有什么变化，但动作明显地变得有些生硬、粗暴。最后一个片段是，母亲把孩子轻轻地，但却很坚决地丢到床上，说："你要哭就哭去吧。"

看完录像，老师给学生做讲解。他说，在摄像机发明之后，心理学家用它来研究母婴关系。大家都知道，一个人人格的形成，与他早年跟父母的关系直接相关；或者换句话说，是父母对待孩子的方式和态度造就了孩子的人格。通过摄像机这样的科技产品，我们能够准确地记录母婴之间到底发生了什么，并可以通过观察推断发生的这些事件对孩子的成长会有什么样的影响。

老师接着说，这部片子是二十多年前心理学家拍摄的很多片子中的一部。它之所以很有价值，是因为二十多年以后，片中的婴儿长大了，却因严重的人格障碍去看了心理医生。从这位母亲的资料中我们知道，她是一位来自很好的家庭、受过很好的教育、生活很美满的女性。她的一切都近乎完美，而且，她也确实是一位对一切都要求完美的人。在做母亲之后，她同样会要求自己是一个完美的母亲，不容许自己有一点点不好。但是，孩子都是"不完美"的，他们会弄脏衣裤或床单，会无缘无故地哭，会做这样那样的"错事"，等等。一个过分追求完美的母亲，会把孩子的"不完美"看成自己的不完美。这会使她产生前所未有的挫败感，这种挫败感可以直接导致她改变对孩子的态度，加强她对孩子的控制，以便使孩子更加接近她所要求的完美标准。

从录像中我们可以看到，母亲想了一切办法使孩子不再哭泣，但没有用，母亲就开始变得焦躁起来。我们可以推测一下，母亲的心理活动可能是这样的：我做了这么多努力，你还是哭，这说明我不是一个好母亲。然后内心开始堆积愤怒。这一愤怒开始的时候也许是针对孩子的，因为孩子的糟糕状态打击了母亲的自我完美感。但是，她不会允许自己将愤怒直接发泄到孩子身上，她唯一能够允许自己做的，就是以高标准作为“幌子”来要求孩子。这样的心理活动被掩盖在她内心深处，连她自己都意识不到。在可以意识到的层面，她会这样安慰自己：我这样做是为了孩子好，是为了使他将来成为一个更加优秀的人。

除了这样的录像研究之外，还有其他形式的研究都证明，在一个有完美主义倾向的母亲的养育下，孩子会受到过多的控制，他先天的、本真的生命力会受到压制，他也许会成为一个非常符合社会和他人要求的人，但他很难成为一个自我得到充分发展的人。孔子在两千五百年前就说过“质胜文则野，文胜质则史”，翻译成白话就是：一个人，如果他先天的特质超过了文化对他的影响，那他就会显得过于野性；如果文化的影响胜过他的先天特质，那他就会显得过于酸腐，不知变通。按照鲁迅的说法，文化就是限定，就是让人在一系列的规则下待人接物。对人类的每一个个体来说，文化的限定作用是通过父母来传承的。

我在临床工作中，就遇到过很多青少年案例，这些青少年都有一个共同的特点，就是他们“不幸地”都有一个近乎“完美”的母亲。作为心理治疗师，跟这样的母亲打交道，很多时候会觉得很难受。比如，她会同样以“完美”的标准来要求治疗师，似乎治疗师只有一切都听她的，才能够解决她的孩子的问题。治疗师当然不会听她的，如果听她的，就只会让她的孩子再一次遭受伤害。治疗师要做的是温和地排除“完美”母亲的干扰，与她的孩子建立一种全新的、没有过度控制的关系，让孩子的自我慢慢地成长。

也许，对这样“完美”的母亲来说，真正的完美应该是再学一点心理学知识，为了孩子，也为了自己。实际上有很多母亲已经在这样做了，用其中几位母亲的话说，这样的学习，能够使她们跟孩子一起健康地成长。

兴趣是孩子学习永不衰竭的动力

几年前，我在一家报社做过一段时间的电话心理咨询工作。与面对面的咨询相比，电话咨询当然有其局限性。为此，我曾经写过《心理治疗的魔鬼辞典》，其中对电话心理咨询的解释是：在硬件设施上与御医给后宫妃子把脉相似，而软件用的是最新的，只是不知道带宽够不够。也就是说，电话咨询的弊病是，除了声音交流以外，其他的交流渠道被阻塞了。

但电话心理咨询也有长处，如方便、及时、经济，即使有交流渠道少这一缺点，从另一个角度看也可以是它的优点之一，因为彼此只通过声音交流，自然会放松一些、开放一些，这对交流当然有利。相互陌生的求助者与助人者隔山隔水，被一根电话线连在一起，谈着不便为他人所知的话，想想都觉得内心充满温暖。

曾经，一位在武汉上大二的男生打进电话，说他现在状态很不好，很想努力学习，但一拿起书本就烦，学不进去；不看书更烦，觉得虚度了光阴，对不起父母，也对不起自己。我问他中学时学得怎样，他说有父母亲督促，而且有明确的学习目标，学得还可以，不像现在这样学不学都心神难定。

他问我该怎么办，我就给他讲了一个曾多次讲给别人听的故事：有一个老头，住在一个广场边，广场上堆满了废铁桶。一群小学生每天上学、放学都经过广场，都要对那些铁桶一通拳打脚踢，以此取乐。老头有心脏病，那些噪声让他受不了。有一天，他拦住那群学生，对他们说："我很喜欢听你们踢铁桶的声音，我想让你们继续踢下去，为此我给你们每人每天一元钱。"小学生们很高兴，踢铁桶更加卖力。在他们踢的时候，老头便找个地方躲了起来。一周后，老头又拦住那群学生，说："我现在的经济状况不好了，我只能给你们每人每天五角钱了。"学生们听了很不高兴，但还是去踢桶，想着有点钱总比没有钱好。又过了一周，老头对学生说："我现在的经济状况更糟了，我不能付给你们踢桶的钱了，但我还是希望你们每天都为我踢一阵子。"学生们愤怒地拒绝了，老汉得到了安宁。

这个老汉的确高明，他将小学生们踢桶的动机或者说支持性的力量，不动声色地从获得乐趣变成了获得金钱。获得乐趣这一点，他是无法控制的，但金钱他可以控制，在小学生们为钱踢桶以后，只要他不给钱了，他们自然就不会再踢了。

我们每个人一生下来，就天然具有很强的学习欲望。几岁的小孩成天兴高采烈地翻箱倒柜、乱涂乱画，那是在做什么？——那是在做科研、写文章！如果这些天然的动机一直保持下去，如果一个人总能在兴趣支配下学习数理化、政史地等，那他迟早都会成为那一行的杰出人物。因为兴趣是学习一切东西永不衰竭的动力。遗憾的是，很多人的天然动机都被他们的老师或家长偷换了，也就是说，从为了乐趣学习变成为了老师、家长甚至考试学习。这类的学生在上大学后，离家离得远了，父母管不着了，老师管得松了，考试也不再那么重要了，简单地说，学习的动力没有了，就会像那群踢桶得不到钱的小学生一样，不愿意再学习了。

如果我们不努力学习而能心安理得，那还不算是最坏的结果。更坏的是，老师、家长的压力变成了我们自己对自己的压力，内心冲突由此产生：一方面，如果去学习，那是顺从了他人的愿望，自己会显得不那么独立，而在青春期，独立的愿望是很强烈的；另一方面，如果我们不学习，理性告诉我们，这样做可能对自己不利。所以不管怎样，内心都不可能宁静。

听完我的话，这位男生说要好好想一想。

接完电话后回家的路上，我看到一个三岁左右的男孩在路灯下玩沙子，神情专注，兴致勃勃。旁边静静地站着一位少妇，当然是他母亲了。我心想，如果他的母亲用棍子逼着他玩沙子，他还会玩得那么开心吗？

答案只有一个：不会。

02

把自己当自己
拥有内心的安宁

把自己当自己，把别人当别人

一个十六岁的少年去拜访一位年长的智者。

他问："我如何才能变成一个使自己愉快，也能够给别人带来愉快的人呢？"

智者笑望着他说："孩子，在你这个年龄有这样的愿望，已经很难得了。很多比你年长许多的人，从他们问的问题本身就可以看出，不管给他们多少解释，都不可能让他们明白真正重要的道理。就只好让他们那样了。"

少年满怀虔诚地听着，脸上没有流露出丝毫得意之色。

智者接着说："我送给你四句话。第一句话是，把自己当成别人。你能说说这句话的含义吗？"

少年回答说："是不是说，在我感到痛苦忧伤的时候，就把自己当成别人，这样痛苦就自然减轻了；当我欣喜若狂之时，把自己当成别人，那些狂喜也会变得平和中正一些？”

智者微微点头，接着说：“第二句话，把别人当成自己。”

少年沉思了一会儿，说：“这样就可以真正同情别人的不幸，理解别人的需求，并且在别人需要的时候给予恰当的帮助？”

智者两眼发光，继续说道：“第三句话，把别人当成别人。”

少年说：“这句话的意思是不是说，要充分地尊重每个人的独立性，在任何情形下，都不可侵犯他人的核心领地？”

智者哈哈大笑：“很好，很好。孺子可教也！第四句话是，把自己当成自己。这句话理解起来太难了，留着你以后慢慢品味吧。”

少年说：“这句话的含义，我一时体会不出。但这四句话之间就有许多自相矛盾之处，我用什么才能把它们统一起来呢？”

智者说：“很简单，用一生的时间和经历。”

少年沉默了很久，然后叩首告别。

后来少年变成了壮年人，又变成了老人，再后来在他离开这个世界很久以后，人们都还时时提到他的名字。人们都说他是一位智者，因为他是一个愉快的人，而且也给每一个见到过他的人带来了愉快。

让快乐成为一种习惯

新的一天又来了，我还活着。我竟然还活着？

在过去的一天里，肯定有很多人很不情愿地离开了这个世界，若不快乐地活着，会很对不起他们离去时对生命的眷恋。

让爱我的人看着我快乐，那是对他们最好的报答。

让恨我的人看着我快乐，那是对他们最好的报复。

忧伤或者快乐，都是过日子，选择快乐并不会更麻烦一些。

也许生活中确实发生了一些令人忧伤的事，也许快乐不能改变事实，但它能改变这些事件可能导致的结果。

与其为忧伤而忧伤，不如用快乐驱赶忧伤。

任何时候，快乐都是给自己和他人最好的礼物，而忧伤不是。

快乐并不昂贵，有时候它只需要几分钟的幻想、几句交谈或者几声笑声就可出现。

快乐比忧伤道德，佛所说的慈悲的意思，就是与一切众生乐，拔一切众生苦。

快乐比忧伤健康，被快乐滋养的心灵和躯体能更好地抵御疾病的侵袭。

快乐当然也比忧伤更美丽，就像阳光比乌云更美丽一样。

因为情绪是可以传染的，所以在人际关系中，快乐是一种礼貌，而忧伤是一种不礼貌。

人一生下来就会哭，笑是后来才学会的，所以忧伤是一种低级的本能，而快乐是一种更高级的能力。

当快乐成为一种习惯的时候，你甚至不需要给快乐找理由。因为快乐，所以快乐。

人类面临的最大的困难也许并不是生和死，而是男和女

据《圣经》记载：古巴比伦人想建造一个能接近上帝的高塔，上帝认为他们过于狂妄，便惩罚了他们。惩罚的方法很奇特：上帝混乱了他们的语言，使他们各操方言，相互不能交流，于是也就没有办法合作建造高塔了。

如果这个故事是真的，如果上帝造人也是真的，那么上帝对人的防范和惩罚就不仅仅有这样一个例子。在这个例子中，上帝在人类的个体之间设置了一个障碍；在另一些例子中，他在造人之初就直接削弱了单个人的力量。其中用意最深刻的，当数把人类分成男人和女人。

自古以来，人类面临的最大的困惑也许并不是生和死，而是男和女。生死是上帝独玩的游戏，人类在其中只是被操纵的

对象；而男女之间发生的故事，人类自己是主角。这些故事的惊心动魄、曲折诡谲之处经常使生死大事都黯然失色。由于每个人只能具有人类一半的特征，所以对另一半的追求就像咒语一样套在人的头上，使他的躯体和精神永远需要得到另一半才能安宁。人因为这一点在多大程度上被削弱了，怎么估计可能都不会过分。

金庸在他的小说《笑傲江湖》里，以寓言式的文体涉及了这个问题。当然金庸是不相信上帝造人说的，但我猜测，他相信人会因为男女之分而被削弱。在小说中，他塑造了几个企图超越性的困惑的男人，读后让人唏嘘不已。

小说中相关的情节是这样的：《辟邪剑谱》是一部武林秘籍，据说谁若练成了上面所记载的功夫，就可以天下无敌。后来我们看到，这个说法并没有骗人。东方不败练成了这一功夫，只用一根绣花针便轻松抵御了四大顶尖高手手持长剑、重锤的围攻。但是练这个功夫的开头极难。秘籍的第一页只有八个字："欲练神功，引刀自宫。"秘籍后面的内容金庸没有透露，整个秘籍给人的印象似乎也就只有这八个字。从书中的描述看，只要达到了这八个字的要求，练成后面的神功并不太难。所以我们可以认为，在这部作品中，斩断"情根"是习武之人达到最高境界的关键。

书中有三个人练成了辟邪剑法或与之类似的武功：东方不败、林平之和岳不群。三个人的武功后来的确了不得，远远高出他们的对手，但三个人的结局都十分凄惨。东方不败变成了不男不女的怪物，他任教主的日月神教的教务被他宠信的面首弄得乱七八糟，他最后被寻仇者一剑刺死；林平之在非常快意地报了灭门之仇以后，便失去了他所拥有的一切，包括他的人身自由；岳不群则不仅没有当上他梦寐以求的五岳派掌门人，反而在身败名裂之后死于恒山派的女弟子之手。

这三个人练功的动机都一样强大，要不然也走不出那最困难的第一步，但动机的内容却不一样。这里值得谈一谈的是东方不败。他出身贫寒，靠天资、勤奋和阴谋做了日月教的教主。他的内心深处是极没有安全感的，练功是他追求安全感的手段。安全感是人的基本需要之一，一个人若缺少了它，就会导致心理变态。由变态心理产生的变态行为往往有一个明显的特征，就是为达目的不择手段。

东方不败练成功夫之后说了这样一段话：

“我初当教主，那可意气风发了，说什么文成武德，中兴圣教，当真是不要脸的胡吹法螺。直到后来修习《葵花宝典》，才慢慢悟到了人生妙谛。其后勤修内功，数年之后，终于明白了天人化生、万物滋长的要道。”

《辟邪剑谱》是从《葵花宝典》残篇中悟出的剑法。从以上这段话我们可以看出，它已经不仅仅是一般的武功秘籍了。它其实是一本可以使人明白宇宙奥秘和人生真谛的奇书。而练成书中所说的神功的先决条件竟然是“引刀自宫”！

我们也许有很多理由可以认为，《辟邪剑谱》的要求是正确的。因为一个人若没有情的困惑，他就可以把更多的时间和精力投入他希望成就的事业之上，而且可以避免因为情犯错误或者走弯路。再说大一点，人类若不是为情所困、所扰、所误，那该会少多少的刀光剑影、血流成河啊！

但是，事实上几乎没有一个读者会认为《辟邪剑谱》是一本好书，也没有一个人会喜欢书中任意一个练成了那种绝世神功的人。金庸的爱憎也十分清楚，所以他在小说中没有让那些人得以善终。这中间最根本的原因是，这个功法的第一步就极大地冒犯了人类的尊严，侵犯了人的天性的完整性，否认了人作为人的无与伦比的价值。

不管人是上帝创造的，还是亿万年进化的结果，认可和捍卫人的尊严和价值是对每一个人的最基本的要求。这个要求具体包括：尊重人的与生俱来的天性，维护人的躯体的相对完整(古话所谓肤发受之于父母而不可损)，拓展人的精神世界，挖掘人的潜力，等等。无论对何种信仰的人，这些要求都适合。任何与之相悖的言论和行为都是恶的和反人道的。

“引刀自宫”而后练成神功具有寓言式的象征性意义，象征着将人的自然属性作为牺牲品的一切行为。这样的例子可以说比比皆是。其中值得一提的一个例子是：在现代竞争激烈的社会里，一个人投入极大的精力和时间以获得事业上的成功本是无可非议的，但他若因此完全忽略了爱情、亲情和友情，甚至忽略了自己的身体和心理健康，不择手段去实现他的目标，那不管他取得何种成就，我们都可以视其为东方不败第二。成功的人的价值，应该远远高于任何成功的事业。

精神上“引刀自宫”的例子则更多了。比如，程朱理学“存天理、灭人欲”六个字，不仅完全可以取代《辟邪剑谱》第一页的那八个字，而且涵盖更广阔，意义更深远，诱惑力也更大。

接触到《辟邪剑谱》而没有练的有三个人，林平之祖父的师父、任我行和令狐冲。他们的武功虽然没有练过的那三个人高，但他们作为人是完整的，他们的结局也要好得多。在喜欢读金庸小说的读者眼里，令狐冲已经不是一个虚构的人物，而是一个实实在在的朋友，他会陪伴我们走完一生的路，并随时提醒我们在有所为的同时有所不为。

我们实际上可以把凡是读了《笑傲江湖》的人，都看成接触到了《辟邪剑谱》的人。相信他们中间有很多人会佩服东方不败的武功，但愿意效仿他的，估计一个也不会有。这就是生活如此美好，并且将来会更加美好的原因。

人际交流的目的，是愉悦别人和愉悦自己

我坚信，这个世界上一定有真正美好的人。这有我的几个朋友为证。他们善良、聪明、快乐、宽容，跟他们打交道的感觉，除了愉快还是愉快。我可以在凌晨三点打电话找他们，不必担心这样做不太礼貌；也可以在他们面前喝得大醉，不怕酒后失言会伤害我们的友谊；还可以很久都不见他们，但心里清楚地知道，只要我需要，他们就会随时出现在我的面前。当然，我在他们眼中，也会是相类似的朋友。

我也相信，这个世界上也有不美好的人。我就遇到过那么几个，他们不一定就是坏人，但打起交道来，除了不愉快还是不愉快。我感到我的任何言行都可能冒犯他们，即便是没有冒犯他们，他们也随时可能主动找我的麻烦。这是人际关系中很多的无奈之一，相信好多人都有跟我一样的体验。不过，再怎

么不美好的人，都会有美好的部分，就像世上不存在完全没有缺点的人一样，世上也不存在完全只有缺点的人。与这样的人交流，有一个好办法，就是：远离不美好，让自己只与他们美好的那一部分打交道。

同样地，再美好的人，也可能有不美好的一面。既然决定只跟美好亲密接触，那我们就需要回避他们不美好的一面。只要你不跟胆小的人一起去冒险，不和小气的人谈钱，不在好嫉妒的人面前自我表现，不和偏执的人发生争论，不跟老板比谁说了算，那就是很好地避开了别人的不美好。这样的回避不是怯懦，也不是虚伪，而是大气和智慧。

人际交流的目的，就是要愉悦别人和愉悦自己。

朗朗乾坤之下，没有谁会逼着我们必须跟某一个人或者某一些人打交道。问题仅仅是，我们是愿意选择美好还是不美好。

人生那么短，我们还是选择与美好共舞吧。

容易丧失“希望”的人会错过改变处境的机会

受过医学训练的人都知道，大脑在生物、化学方面的变化，是产生行为、情绪和认知方面变化的物质基础。这是物质决定精神的一个很重要的证据。反过来，精神的变化也可以导致大脑物质基础的变化。举例来说，一个人受到重大创伤性事件的刺激，如车祸、亲人死亡等，就会长期处在抑郁、紧张的状态中，如果用一种精密仪器做检测，就会发现这个人大脑的生化状况已经被来自外界的心理刺激改变了。

外界心理刺激可以改变大脑的物质基础，这是一个非常重要的结论。这个结论同样意味着，我们如果总是给人好的心理刺激，大脑的物质组成就会朝好的方向发展。这也就是心理治疗为什么会产生跟药物治疗一样好的效果，甚至是更好的效果的科学解释。

良好的心理刺激也可以是自己给自己的。比如，即使在很糟糕的环境下，别人无法对我们施以援手，我们自己也无计可施的时候，不管怎样，我们至少还可以给自己一个极其重要的礼物——希望。

希望不是物质的存在，它看不见，摸不着，却可以产生实实在在的力量。所以它有时候跟物质的存在也没有什么区别。有人说，用希望这样虚无缥缈的东西来振奋精神，总有点自欺欺人的味道。这些人忘记了，一切精神活动都可能是虚无缥缈的，但并不等于精神活动对人类来说可有可无。

总是让自己保持希望，就相当于总是给自己的大脑以良性的刺激，大脑就会处在有利于良性情绪产生的状态中。良性情绪会导致良性认知，也会导致良性行为，所以内心有希望的人会心情愉快，看待事物乐观，行为从容而有条理。在这样的精神状态中，又有何事不可为?

相反，没有希望就完全是另外一回事。即使外界的情况不是很糟糕，容易丧失希望的人也会主动放弃努力，从而错过一个又一个改变处境的机会。在结果变得最坏的时候，他甚至可能会说：我当初就知道，情况肯定会变得这样坏的。他不知道的是，恰好是当初他的所谓的“知道”，使他失去了希望，也失去了由希望所推动的振奋的精神，才使结果如此之坏的。

在医学上，有很多希望创造奇迹的例子，比如对癌症患者的治疗。统计资料显示，对活下去抱有希望的患者，比丧失了希望的患者，存活的时间要长得多。在这样的例子中，希望所起的作用是：让人心情愉快，这可以增加人体的免疫力；使患者能够积极主动地配合医生采取的医疗措施；等等。

此外，我一直固执地认为，我们对希望所带给我们的好处还不能完全知晓。我不是一个有神论者，但我相信大自然从开始到永远都会关照我们人类，就像是万物都沐浴阳光一样，我们的心灵沐浴在希望的阳光之中。

有希望就可能拥有一切。或者说，即使我们什么都没有，只要我们有希望，那我们就不是真正的穷人。

对一个人最严厉的惩罚是让他看看他是怎样一个人

小柱上初中的时候，染上了偷东西的习惯，尤其喜欢偷书。他惯用的伎俩是，走近一个书摊，弯腰用手同时拿起两本书，假装翻看，趁摊主不注意，迅速地将其中一本藏在腋下，再翻看一会儿手上的书，然后放下它扬长而去。他从未失过手，直到他的五层的小书柜被偷来的书塞满。

高中毕业以后，他没考上大学。在亲友的资助下，他开了一个小小的自选商店。一天，他坐在收银台内，无意间看见一个十几岁的男孩，在货架上拿了两盒巧克力，迅速将一盒藏在腋下，另一盒仍然拿在手上。小柱像见到了天下最可怕的事情一样呆坐在那里，直到那个男孩付了一盒巧克力的钱后从容离开，他还没有清醒过来。

从此以后，他的情绪一落千丈。在那间装满了他偷来的书的房间里，他反复想着自己是怎样一个人，以及这样的一个人活着到底是好事还是坏事。

对一个人最严厉的惩罚不是枷锁，也不是牢狱，而是给他一面镜子，让他看看自己是怎样一个人。

小娟十五岁的时候，身体几乎还没有开始发育。她在学校的成绩也不算出色，虽然很努力，但总是中等水平。跟几位洋溢着青春气息、成绩又很好的同班女同学相比，她一直都很自卑，自卑得不敢大声说话，自卑得不敢跟男生打交道。偏偏她又暗恋上了他们班的班长，一位成绩优秀、意气风发的男孩子。她总觉得自己不配他，所以一直把这份感情深深地隐藏着，从来都没有流露丝毫。

初中毕业后，同学们考上了不同的高中。暑假期间，小娟收到了一封信封上落款为“内详”的信。打开一看，竟然是那位曾令她心仪的男同学写的。内容很简单：你知道我为什么学习那么努力、打球那么拼命吗？因为我想吸引你的注意力，让你多看我几眼。

看着这几句话，小娟的视线被泪水模糊了。她的自我印象，也因为这几句话逐渐地接近真实与客观。一种从未有过的自信的感觉从她心底升起，并且慢慢地扩散到身体的每一个细胞。

对一个人最高的奖励不是金钱，也不是桂冠，而是给他一面镜子，让他看看自己是怎样一个人。

允许自己成为有温和自大感的人

温和的自大是一种人格的核心之气，它打不死、拖不垮、揉不烂、捏不碎，浑然天成，无须借助任何外在证据，就在那里显眼地存在着。人格中具有这样特质的人不会让人感到威胁，也不会惹人讨厌，反而有超凡的魅力，容易获得他人的尊重和喜爱。

这样的人同样更经得起人世间的风吹雨打。入世越深，就越会感觉到身外之物的无常和虚妄，也许只有自己对自己的那一份满足和坚守，才是真正可以信赖和依靠的东西。

不温和的、有攻击性的自大恰恰是自大的需要没有被恰当满足的表现。在攻击他人的过程中，自大被暂时地满足了。但是，这种满足潜藏着危险，因为攻击的后果，就是遭受反击。

自卑是自大的需要没有被满足的另外一种表现。或者换一种说法，自卑是想象中的自大对真实自我的攻击，这种攻击经常也会转向针对他人。有人说：不要跟没有一点自大感的人打交道，因为这样的人迟早会通过伤害你来满足自大的需要。这样的说法当然过于世故了一点。好一点的做法是，我们允许自己成为有温和的自大感的人，同时支持别人的温和的自大。

人不能有傲气，但不可无傲骨。这说的是同一个意思。傲气是伤人的，而傲骨是我们认真地和坚强地生活的决心。

给自己一点时间和勇气，让自己成为一个有着温和的自大感的人。如果你要问：“我凭什么自大呢？”回答是：“因为你是你呀。”

淡定就是不算计金钱或者冲突，看重心灵的自由

一次，我去另外一个城市，拜访一位比我年长几岁的朋友。在我们的朋友圈中，他可以称得上“德高望重”了，大家都很喜欢他，很愿意跟他交往。几位朋友曾经在一起议论过，都觉得他最大的特点是精神上的超然淡定，有着一般人没有的自由的心灵，跟他在一起，再神经质的人都会被感染一些静气。

我在他家住了几天。每天晚饭后就在他的书房里喝茶聊天。聊的内容天南海北，无所不包。有时候两个人好长时间都不说话，我就看着他慢慢地往壶里沏水，往杯里倒茶，也都不觉得无趣。有天晚上我问他：“你能不能告诉我，你从骨子里透出来的那份洒脱是怎么修炼出来的？”

他看了我一眼，沉默了一会儿，淡淡地笑了笑，然后站起

身来说："我给你看一样东西。"他从书柜底层的一个文件盒里拿出一张纸递给了我。这是一张 A4 的打印纸，因为时间久远，颜色明显地发黄，纸上写满了字。他告诉我，这是他二十四岁生日那天写下的东西。我知道，那时他在一所大学读研究生。

我很认真地看起来。纸上写着几段话：

一、宿舍里有两个人没有买开水瓶，用完了我水瓶中的水又不去打水。我决定把我的水瓶和他们共用两年，还给他们打两年的开水。如果水用完了没水喝，我就喝自来水；没有热水洗，我就用冷水洗。我不愿意变成他们的行为监督员，更不愿意因为他们的不拘小节而生气。

二、买小东西、买菜时，绝不还价。平均一天损失 3 角，一年损失约 100 元，这个损失我认了。

三、买衣服等，不还价损失太大，不行。叫上女朋友一起去买，还价对她来说是乐趣，对我不是。

四、坐公共汽车，绝不抢座位，只要有一个人站着，空座位离我再近也不坐。

五、别人找自己借东西，能借的尽量借。

....

没看完，我就看不下去了。我直截了当地说，这些东西太琐碎，而且有些做法的深层动机也有问题，比如有可能是内心害怕跟别人发生冲突。我相信一个和谐的人格与童年的经历和成年后深刻的内省有关，而与这些婆婆妈妈的事情无关。

他听后笑着说："我不想说服你，但是你想想，人生就是由很多的琐碎组成的，上面的那些琐碎，也可以举一反三，变成很多很多的琐碎。把这些琐碎算计清楚了，才有时间和精力算计其他不琐碎的事情，对不对？我并不是害怕冲突，而是要自己从小的、琐碎的冲突中脱身。或者说，我算计的和看重的不是金钱或者冲突，而是心灵的自由。”

他给我讲了一个故事。孔子的一个弟子，有一辆豪华马车，大约相当于现在一个人有一辆奔驰 S600。有一个人家里有一点事，想借他的马车用一用，但不敢开口。这个弟子听说这件事之后，就把马车烧掉了。他说：“我有一辆马车，别人借都不敢借，那我还留着干什么？”

他接着告诉我，他曾经有一个专业级别的照相机，在他想通那些琐事之前，他总是偷偷地用它，生怕别人知道以后找他借，借也不好，不借也不好。后来他就把相机放在宿舍没上锁的抽屉里，谁想用谁就用，最后那相机也用到了该“寿终正寝”的时候。一部相机换来一个心理上的自由，你说划不划得来？然后他嘿嘿坏笑了一下说，如果别人要“借”你老婆，那就是另一回事了。我也笑了。

那天晚上，他也的确没有完全说服我。不过，后来我坐公共汽车的时候发现，有座位不坐，感觉也很好。因为站着的时候视野更宽、更广，可以看到更多的人和风景。

生而为人，身上总有各种各样的劣根性

我的优越感是在拿自己跟弱小者比较之后产生的；与此相应，我曾经分别以自己能够察觉和不能够察觉的方式讨好过强者。比较而言，不能察觉地讨好是更大的错误。

我的自卑感来自我对他人的苛刻要求，这些要求后来返回到了我自己身上，结果是他人和自己都不能令自己满意。

我的意志经常受到我的内在需求的某一种单一力量的主宰，而且经常变幻不定，这使我即使在不做任何事情时都心神难定，冒头的那种力量会不间断地受到其他力量的批判与围剿。

在面临人际间的危险时，我经常采取欺骗性手段，欺骗别人，主要的还是欺骗自己。我会在最紧张的时候显得很从容，想得到的时候就故意付出，想与人亲近时就表现出独特和孤

傲。其结果是在很多时候，我根本就不明白自己真正的需求，也使得别人无法面对一个稳定统一的我。

我无法接纳自己的某一部分，所以那些全身心爱我的人就变成了我厌恶和仇恨的对象；而对那些远离我的人，他们对我的只言片语、若有若无的关注或关心，均能令我感激涕零。

我把属于我的物和离我很近的人都看成自己的一部分，还把那些想要的物和想亲近的人看成自己更好的那一部分。我经常会为了后者而伤害或者牺牲前者。

我像嗜血动物一样，把从他人对自己的恶意和恶行中获得乐趣作为我的嗜好，并将这种行径美其名曰为修养或者牺牲精神。与此同时，我之所以爱他人，是因为我爱我自己，爱他人只是我爱自己的扩大化行为而已。

我在懦弱或卑鄙之时，会找一些可以掩饰懦弱或冲淡卑鄙的借口，这些借口可以是来自另一些懦弱者或卑鄙者的教授，也可以是我自己的独创。

我究竟是谁呢？

——我可以是我，或者是你，或者是他。

——我的名字有时候叫作男人，有时候叫作女人。

不必试图改变自己去适应他人，不必试图改变他人去适应自己

让我们一起来设想这样一个场景：假如你是一个中国象棋爱好者，你遇到了一个你认为可以很好地与之下一盘棋的人。双方在棋盘两边坐下来，在各走了几步棋之后，对方提出，他想把马走“日”字改成既可以走“日”字，也可以走直线。你这时候可以有两种选择：一是你认为这样做违背了游戏规则，拒绝继续跟他下棋，两人不欢而散；二是为了能继续下棋，你答应了他的要求，同意他违背游戏规则走棋。

如果你做出第一种选择，说明你是一个原则性很强的人，你更愿意在规则内享受游戏的乐趣；如果你做出第二种选择，那证明你是一个随意的人。不过也可以是另一种情形：你并不是一个随意的人，你是因为害怕失去跟他下棋的机会而迁就了

他。这个时候你就需要问问自己：我会永远地迁就下去吗？这样的迁就真的能够长久地维持两个人的关系吗？我的迁就是否表明我比他更在乎我们之间的感情？

人既具有动物性，又具有社会性，这是众所周知的事实。从男人的动物性来说，他要做与传宗接代有关的事，当然不会考虑与跟他合作的对象有没有感情。他的那一套生物系统的功能，当然也不会被造物主设计成只有面对某一特定对象才能运作的程序。

从男人的社会性来说，他又必须遵守与他人——男人和女人——打交道的规则。从根本上来说，社会性是用来压制动物性的，就像游戏中的规则一样。在每一个男人心中，都有动物性与社会性的冲突。这一冲突会在不同的水平上达到平衡。一部分男人，他们身上的动物性会占优势，那他们便会选择一种放浪形骸的生活方式；另一部分男人，他们的社会性占优势，他们的生活方式便会是循规蹈矩、洁身自好的。

在不触犯法律的前提下，每个人都有权利选择适合自己的生活方式。在恋爱和婚姻的“游戏”中，双方都必须尊重并适应对方的“游戏规则”。如果各自的规则差距不是太大，那便有共同把游戏“玩”下去的可能性；如果差距很大，即使能“玩”上一阵子，也不可能“玩”得长久。

男人的性可以与感情有关，也可以与感情无关，关键看他是怎样的一个男人。女人可以在乎，也可以不在乎男人把性和感情分得很开，关键看她是怎样的一个女人。

不必试图改变自己去适应他人，也不必试图改变他人以适应自己。尽管维持恋爱和婚姻的因素中有很多依然是神秘莫测的，但至少有一个因素我们知道得很清楚，那就是：双方对忠诚的理解越相近，关系维持的时间就可能越长久。

把事情做得很好或很坏，都是在吸引别人的注意力

“世上本无事，庸人自扰之”这句话，出自《新唐书·陆象先传》，原文是“天下本无事，庸人扰之为烦耳”。显然原文的意思跟现在我们所说的有些不一样。原文的意思是说，这个世界本来风平浪静，那些无用的人却常常无事找事，令人心烦。

也许在一千多年以前，无事找事的人是有点令人心烦的。那是平静悠闲的年月，高雅的、有能耐的人既不会劳力，也不会劳心，更不会有意制造一些丑闻、“美”闻，甚至绯闻来证明自己的价值以吸引别人的注意力。

现代的情形却恰好相反。庸人是那些不会无事找事的人，越是有用的人找的事越大，吸引的注意力也越多。比如每年都会有一些热点新闻，撇开那些严肃的政治新闻不谈，大多数都

是由一些无事找事的能人制造的。

中央电视台的电视连续剧《笑傲江湖》的编导和演员们显然就是一些这样的能人。尽管《笑傲江湖》改编的电视剧已经有好几个版本，尽管他们知道没有谁会把令狐冲、任盈盈演好，他们还是通过八个月艰苦卓绝的努力，在某某年的三月推出了他们四十集的宏伟作品。

在如何把事情做大、如何吸引更多人的注意力上，剧组人员可以说是费尽心机。且不说在电视拍摄过程中他们如何造势、如何利用金庸的影响，单是一再推迟电视剧的播出时间这一点，就足以证明他们对大众心理了如指掌，操作者凭此拿几个心理学博士学位也都足够了。记得开播的那天晚上，一位铁杆金庸爱好者朋友专程赶到我家，说是终于盼到了这一天，要一起庆祝一下。我买了一箱啤酒，做了几个小菜，一边吃一边喝，一边看那些编导和演员怎样演绎那些在我们心里早已演绎过无数次的腥风血雨和爱恨情仇。后来我们知道，在那两个小时的时段里，全国有数以千万计的人，像被同时点了穴位一样，呆坐在或大或小的荧光屏前。

事情就这样闹起来了。在随后的二十天甚至更长时间里，几乎所有的媒体传播渠道，不管是传统的还是现代的，都充斥着与该电视剧有关的文字和图片。至于那些文字表达的是何种情绪，就显得不那么重要了。因为从深层心理上来说，在一个人与另外一个人或者一件事的关系上，注意和不注意是最本质的，爱和恨、喜欢和不喜欢则是表面的；或者换句话说，在两者的关系上，“有感情”是最重要的，至于感情的性质是好还是坏，那没有多大关系。举个例子，我曾经在一个朋友圈子里用写字条的方式提过这样一个问题：你最不希望你所爱的人，一、恨你；二、爱你；三、不在乎你。——请选择，只能选择一个答案。结果无一例外，所有的人都选择了第三个——不在乎你！也就是说，宁可对方恨我，但不能不在乎我！

很显然，第一，那些对金庸“有感情”，并且发表了许多针对央视版《笑傲江湖》评论的人，对央视版《笑傲江湖》也是“有感情”的。这一点我们一定要有清醒的认识。第二，当然此“有感情”非彼“有感情”，对金庸及其用文字描述的世界，大家是喜欢甚至是痴迷；而对央视版《笑傲江湖》，大多数人是不喜欢甚至是厌恶的。

吸引别人的注意力，可以有两种方法：一是把一件事做得很好；二是把一件事做得很坏。多数人使用前一种方法，使用后一种方法的人是很少见的。央视版《笑傲江湖》的剧组人员则是另辟蹊径：他们是怀着把事情做好的愿望把事情做坏的，这样一来形成的反差，更可以加倍地吸引公众的注意力了。毕竟也是喜爱金庸的人，把“吸星大法”的理论与电视传播的具体实践相结合，终于在 21 世纪头一年创造了 20 世纪没有创造的收视奇迹。

为什么每个人都希望引起别人的注意？抛开经济上的原因不谈，从纯粹的心理学角度来说，这是因为，在婴儿时期，如果我们饿了、渴了或者害怕了，那只有在别人——母亲或者父亲注意到这件事的时候，我们才会有吃的、喝的，才会获得安慰。成年之后，现实的那些需要我们可以自己满足自己，但“被注意”的需要却潜入了内心深处，依然还会支配我们的欲望和言行。

在共同关注同一个对象的人之间，会产生一种亲切感、归属感，这类感觉又可以进一步加强每个人对那个对象的关注。有这样一件真实的事情：母亲和儿子争电视看，儿子要看足球，母亲要看电视剧，儿子对母亲说：“你不是真正喜欢看那个电视剧，而是怕明天上班在单位里别人谈那部电视剧的情节，你插不上嘴，跟别人就疏远了。”母亲想一想，觉得儿子说得很有道理。但若她反过来想一想，儿子又何尝不是如此呢？儿子要看足球，不就是想第二天好跟他的足球哥们儿吹一吹吗？金庸迷们因为共同爱好金庸作品走到一起，又因为共同攻击央视版《笑傲江湖》而团结得更加紧密了。

人是群居的动物。如果没有那些可以吸引很多人的注意力的事件，那么群居生活肯定是非常乏味的。所以，我们真要感谢那些找事的人，是他们使我们的注意力不间断地有所归属。不仅如此，在我们的内心更深处，总是涌动着一股强大的、盲目的心理能量，它不断地寻找突破口，寻找它可以投注、发泄、攻击或者爱抚的对象。从本质上来说，人的一切活动都是由这股心理能量推动的。一方面，这股力量是好的，至少是不好不坏的或者中性的，它是智慧和创造力永不枯竭的源泉；另一方面，它又随时可能做出从小偷小摸直至伤天害理的坏事出来。

怎样支配和利用这股力量，就是好人和坏人、伟人和庸人的分水岭。在大多数情形下，在人群中间，个人内心的这股力量一般处于抑制状态，但这只是暂时的。爆发是迟早的事，就看朝着什么目标爆发了，就看多少人同时朝着什么目标爆发了。同时爆发的人越多，目标越统一，对目标造成的影响就越大。再次感谢无事找事的那些人，是他们制造了一个个让成千上万的人投注心理能量的目标，而且投注后的结果是有益无害的。想想看，如果那些人的目标不是一部让他们不满意的电视剧，而是别的什么有关国计民生的东西，那后果就不堪设想了。

对这类群体心理能量的整治，有一个很经典的例子。在欧洲某国首都，有几万人为了某件事在首都天天游行，但那件事又不可能立即解决，弄得政府很伤脑筋。后来政府采纳了一位心理学家的建议，在某一天组织了上百万人参加的游行，让那些人闹了个够。几天之后，就再也没有人上街游行了。在百万人大游行中，所有的人都释放了他们的心理能量，之后就不再有动力去做同样的事情了。攻击了央视版《笑傲江湖》的人，大约也会减少一点对他们的情人、同事、老板或者公共财物的攻击了。

央视版《笑傲江湖》的剧组人员得到了他们想得到的东西，就是观众尤其是金庸爱好者的注意；观众也做了他们一直想找机会做的事情，就是朝一个无害的对象发泄一下自己蓄积已久的心理能量。尽管这在形式上是一场场争吵与谩骂，结果却是皆大欢喜。世事之奇妙，人心之深幽，由此可略见一斑了。

以本色做人，成为对自己诚实的人

如果问一百年前中国的读书人，哪一本书在他们心中的重要性排名第一，估计十有八九的人会说是《论语》。

《论语》是记录孔子及其门人言论的书。他们的言论涉及面极广，几乎是无所不包，仅从评论人物方面看，有时候仅三言两语，就把一个人的个性特点描绘得栩栩如生，其细微精妙之处，比之现代任何人格心理学的千言万语，高明得不可以道理计。

以下就是《论语·公冶长篇第五》中的一段人物评论。

子曰："孰谓微生高直？或乞醯焉，乞诸其邻而与之。"译成白话文的意思就是，孔子说："谁说微生高这个人直呀？有人向他讨些醋，他不直接说没有，而是向邻人讨来转给他。"

微生高是个以直著称的人，他还做了一件很守信的事，把命都送掉了：他跟一个女子在桥下约会，那女子没来，大水却来了，他也不逃走，最后抱着桥柱被淹死了。

孔子观人于微，从小处见大，通过讨醋这件事，断定微生高不是一个“直人”，而是一个曲意徇物、委曲世故，以博得别人赞誉的人。孔子是最不喜欢这种人的。至于桥下约会被水淹死，从智力上来说是不知变通，在桥上等着一样不会失信嘛，女子真会傻到到水里跟你见面的程度？沽名钓誉到了这种程度，实在也是个可怜人。

表面上看，自己没醋去借都要借给别人，好像是一种很够朋友、讲义气的做法。但从深处看，这样做其实很虚伪。跟这样的人打交道，醋你是讨到了，会有一时的高兴，但你却不知道借的是他的醋还是别人的醋，久而久之，你连他是什么样的人都不知道，从交朋友的原则上说，这是很危险的，他既然连有没有醋这样的小事都不能坦诚地告诉你，你还能指望他在大一点的事上以诚相待吗？

这里面主要的问题不在于他对你不诚实，而在于他对自己都不诚实。在微生高的心里，有一个“直”的、守信的理想自己，他要求自己符合这一理想，也就掩盖了自己的本色。

先做人，后做事。要做人就要以本色做人，但这实在很难，所以才有“唯大英雄能本色”的说法。本色做人的意思是，有醋就是有醋，没醋就是没醋；有能力就是有能力，没能力就是没能力；高兴就高兴，愤怒就愤怒，坦然地向自己和别人展示自己的真实。当然，如何表达也是一个问题，说“老子没醋给你”和说“对不起，我家的醋恰好也用完了”，对讨醋的人来说，感觉会大不一样。

如果我向人讨醋，别人直接说没有，我会有一小忧和一大喜。忧的是，我的糖醋鱼是做不成了；喜的是，我遇到了一个清清爽爽的、本色的直人，他不骗自己也不骗我，这显然比颜色非红非黑、味道不伦不类的糖醋鱼重要多了。

走自己该走之路，是保留独立人格的做法

前几天看了一部电影《甘地传》。甘地使印度摆脱了殖民统治，被印度人民尊为圣雄。历史学家评价说，甘地不是一个王国的统治者，没有任何官衔，没有个人财产，也没有卓越的艺术天赋或者科学研究的能力，但是，这个身材矮小的印度人却几乎以一己之力打败了强大的大英帝国，赢得了全世界的尊重。爱因斯坦十分崇拜甘地，他说，后世的人也许不会相信，在这个星球上曾经走过这样一副血肉之躯。能得到爱因斯坦如此评价的，人类历史上能有几人？

甘地将英国人从自己的国土上赶出去，用的武器是和平、非暴力、不合作三个原则。严格地说，这都不是武器，但它们的力量却比任何武器都要强大。甘地第一次说出这些原则的时候，英国人笑了，仿佛在嘲笑一个威胁大人说“我不跟你玩

了”的小孩。看影片的人，如果不知道最后的结果，也会嘲笑甘地的天真可爱：大英帝国的坚船利炮，岂是你“非暴力不合作”就能将它战胜的？可最后的结果是，英国人败了、走了，印度人赢得了独立。

在甘地的“非暴力不合作”运动中，有一些急躁的印度人也使用过暴力。虽然也是被逼无奈，但这样做恰好帮了英国人的忙：你搞非暴力，我一点办法都没有；你如果搞暴力，那正好给了我出兵镇压、拘捕领头人的口实。幸好甘地及时出面制止，才避免了更糟糕的结果发生。所以，那些使用暴力的印度人，在某种程度上可以被称为敌人的“合作者”。

甘地的办法，即“非暴力不合作”，也可以用在个人的人际关系中。一位二十岁的女孩告诉我，她和她母亲的关系非常不好。每次因为一点小事，一方指责另一方，被指责方不服气，两人就开始争吵起来，并且争吵会迅速升级。我听了以后对她说：“你和你母亲‘合作’得很好啊，就像干柴与烈火的合作。要么你是烈火，她是干柴，你一点她就着火；要么她是烈火，你是干柴，她一点你就烧起来。”很显然，她从未从合作的角度来看待她和母亲的争吵，所以听了我的话以后，她愣了好一会儿，然后说：“你是不是说，我们任何一方不在吵架上跟对方合作，架就吵不起来了？”我反问道：“有一方不合作，那还叫吵架吗？”

在学校或者工作单位，如果我们仔细考察那些互相可以称得上“冤家”的人之间的紧张关系，就会发现，他们不仅仅是冤家而已，他们还是冲突上的好搭档、好伙伴、战友和合作者。他们在情感上联系得非常紧密，一个人攻击对方的时候，另一个人绝对会马上回应，就好像是两个打乒乓球的运动员一样，配合得天衣无缝。

我们可以看到，这绝不是令人愉快的“合作”。在这样的“合作”中，两个人相互牵制着，人怒我怒，人悲我悲，都失去了人格的独立和人生的自由。

就像国家的独立自主最为可贵一样，个人人格的独立，也是人生在世最为要紧的东西。在人际交往中，每个人都可能面对丑恶，不管是无意的还是有意的丑恶，如果我们被那些丑恶左右，或者以丑恶对丑恶，那就失去了人格上的独立性。能够保留独立人格的做法是，选择不与丑恶合作，依然走自己该走之路，享自己可享之福，让那些丑恶见不到我，而去见鬼去。

不是别人伤害了我们，是我们的愿望伤害了自己

在人际关系中，我们经常听到伤害和被伤害的事。

那么一个人是怎样受到伤害的呢?

伤害有两种，肉体的和心灵的。

肉体的伤害归法院管，我们不去谈它。

心灵的伤害，我认为是这样发生的：如果一个人对我的实际态度比我希望他对我的态度要差，我就会认为自己受到了他的伤害。

比如，我希望一个人喜欢我，但实际上他对我并不好，那我就会感到受到了伤害。

相应地，如果一个人对我的实际态度比我希望他对我的态度要好，那我就会有受宠若惊的感觉。

从某种意义上来说，这也是一种伤害，一种内心宁静被打

破的伤害。

更糟糕的是，这为下一次受到真正的伤害留下了隐患，因为这提升了我们对别人的希望。别人的态度是由别人控制的，我怎么能保证别人总对我好呢?

又如，一个我不在乎的人，我对于他对我的态度没有抱任何希望，他无论怎么对我，都不会跟我的希望发生冲突，所以我绝不会受到他的伤害。

所以，我们是否可以说，我们如果感觉到受了伤害，那并不是别人伤害了我们，而是我们自己的愿望伤害了自己。

如果站在别人的立场上，我们可以肯定地说，我们也在某些方面伤害过别人，因为我们对别人的态度不可能总是像他们所希望的那样。

古人说宠辱不惊，那是把对别人的希望降低到最低点了。这样的一个人，怎么会在人际关系中受到伤害呢?

别被自己的希望伤害。请把希望寄托在自己身上，对自己好一点，再好一点，那你就永远不会受到来自人际间的伤害了。

你就是你朋友的后院，让他在危难的时刻栖身避难

车祸、空难、海难，还有战争和恐怖袭击，使很多人丧失了生命。这些生命的丧失不是一个事件的完结，而是另一个更加哀伤的事件的开始。他们还活着的亲人们的生命，因为少了他们的存在而变得阴冷和破碎，对死去的亲人的怀念会伴随这些人度过余生。

这是令人难以承受的生死离别，每个身处其中的人都需要获得外界的帮助。职业心理医生会帮助他们，但在帮助他们之前，医生会对他们的状况进行评估，评估的最重要的项目之一就是，他们的社会支持系统是否足够强大和完善。

所谓个人的社会支持系统，简单地说就是他的亲友圈子。如果他有关系很好的亲戚朋友，那我们就说他有很好的社会支

持系统。所以说，你如果是某个人的好朋友，那就意味着在他遭受不幸的时候，你应该挺身而出。你就是你的朋友的后院，这个后院可以让他在危难的时候栖身避难。当然，你的朋友同样也是你的后院。

作为后院，你可以做很多职业心理医生都做不到的事情。比如，心理医生需要花很多时间才能跟处于这样的悲痛中的人建立信任感，而你不必，你们之间本身就有着很好的相互信任的基础。

作为“后院”，你可以为你的朋友做以下的事情：

准备足够的时间陪伴他。亲人的丧失，会在他心里留下巨大的空洞，这个空洞需要有人来填补。再者，他还多少会有随着死去的亲人而去的愿望，这是极其危险的，你的陪伴，可以避免又一个悲剧的发生。

和他一起悲伤。他是你的朋友，所以他的亲人也是你的亲人，你自然也会处于悲伤之中。但是要注意，你的悲伤不能比他更强烈，特别是在他已经平静的时候，你不能再重提一切可能再让他伤心的事情。

听他诉说。他会有很多话要讲，你需要耐心倾听，而不必打断他。

在没有危险的前提下，尽可能满足他的要求。亲人的离去，会使他丧失起码的安全感，他会觉得这个世界的一切好像都不在自己的掌控中。这个时候，你需要给他安全感，让他像以前一样，重新觉得这个世界、周围的人和事，都是可以被自已控制的。

你还可以鼓励和陪伴他做一些人们通常会做的哀悼去世亲人的仪式，比如烧香、点蜡烛、献鲜花、设灵堂，等等。千万不可忽视这些看起来于事无补的仪式。千百年来，人们就是用这些方式表达哀思的。这些方式已经如此深入地根植在人们的心里，已经成了人类共同的潜意识的一部分，其作用怎么估计都不会过分。

你可以想办法让他高兴。最开始的时候不要这样做，因为灾难发生的时候，每个人都需要“正常地”哀伤一段时间，这是自然而然的一个“程序”。没有这样一个哀伤的过程，就会有很多的内疚感沉积在他的内心深处，并迟早会使他陷入更深的抑郁之中。在最初的情绪风暴过去之后，我们才可以慢慢地让他从哀伤中出来。但任何时候，都不可以为了让他开心而开愚蠢的玩笑。这会引起他的反感，并且会影响你和他的友谊。

在事件过去一段时间以后，你可以做更多的事情，使他的注意力更多地转移到别的地方。比如让他更多地生活在人群中，而不是一个人待着；组织一些轻松的活动让他参加；和他一起培养一种业余爱好；等等。

如果他的悲伤程度超过了一定限度，或者悲伤的时间超过了可以理解的长度，那你需要以朋友的身份建议他去看心理医生，寻求专业人士的帮助。在一些发达国家，灾难后去看心理医生，是一个必需的程序。就像你可以做一些心理医生做不到的事情一样，心理医生也可以做一些你以朋友的身份不可能做得到的事情。

灾难是我们共同的敌人。在灾难之后，我们更加需要相互支撑。

给予和接受祝福时，我们能感受到爱和被爱

在一年中的一些重要日子，我们会用各种方式，如微信、电话、登门拜访等，给亲朋好友送上我们的祝福。因为我们相信，在这样的时刻说出的祝福，比在其他时候说出的祝福更容易成为现实。

在所有的祝福中，最美好的莫过于“事事如意”“永远快乐”之类了。收到这样的祝福的人会真正地快乐，至少在收到了祝福的那一瞬间。

但是，经验告诉我们，事事如意和永远快乐是不可能的。人们常说，人生不如意的事有十之八九，如此推算，人生不快乐的时间也是十之八九。美好的祝福和不那么美好的现实之间，本来就有着很大的距离。也正因为如此，祝福才显得格外珍贵。

我曾经问过数以百计的、正处于难以自拔的痛苦中的人这样一个问题：如果有一种药物，你服了一粒以后不仅痛苦可以立即彻底消失，而且可以让你一生永远保持快乐的心情，永远不再有丝毫的痛苦和烦恼，这样的药你愿意服用吗？结果有一些令人吃惊：绝大多数人都回答说——不愿意。不愿意的原因多种多样。有的说，那不是成了傻瓜了？潜台词是只有智力较高的人才有“资格”痛苦；有的说，那可能也感受不到真正的快乐了，意思是说，快乐只有在痛苦的衬托下才更有味道；还有的甚至说，那跟死了有什么区别？那只不过是“行尸走肉”的一种好听的说法而已。

这样看来，我们需要的既不是永恒的快乐，更不是永恒的痛苦；我们也不需要我们梦想了几千年的、可以使我们永享快乐的灵丹妙药。我们需要的是一种变化的、流动的，让我们感觉到自己还活着的体验与情感。对于活生生的生命来说，即使是痛苦的丰富，也永远比快乐的单调要好。

那么，那些美好但却虚幻的祝福我们还要吗？我们当然还要。因为我们并不在乎它们是否真的可以实现。我们在乎的是，在给予和接受那些祝福的时候，我们感受到了爱和被爱。这会给我们带来快乐——短暂的却会在生命的长河中永恒的快乐。

03

越是本能的越可靠，活着实际上是一门专业

所有人都会在轻视他人时很迟钝，被他人轻视时很敏感

在一次心理治疗培训班上，主持人请每个学员介绍自己叫什么名字。有人提议是否也连同介绍一下自己来自什么地方和在什么机构工作等，主持人没有同意。她说，介绍姓名就足够了。

那是一次学习如何理解他人的培训班，办得很成功。很多参加培训的人感到，他们不仅学会了一些交流的技巧，而且在心中增加了几分爱心。

事后有人问主持人，为什么当初只让大家介绍自己的姓名呢？

主持人回答说，介绍的内容多了，就会自然而然地产生轻视与被轻视，比如这里有人来自大城市，有人来自小城镇，前者也许会不知不觉地轻视后者，这显然对学员间的交流不利。

原来是这样！这位主持人对人心的揣摩真是到了令人惊叹的程度。

平心而论，不管我们是多么崇尚众生平等，在我们的心灵深处都会有一些高与低、贵与贱的评判，都会在一生之中出于某些原因轻视过他人或者被他人轻视过。这些原因，可以是我们理智层面不在乎，但非理智层面却很在乎的东西。

轻视真是无处不在，无时不在。城里人对乡下人、劳心者对劳力者、开汽车的对踩三轮的、有钱的对贫穷的、世袭贵族对暴发户等，任何人和任何与人有关的事物都可能是轻视链中的一环。

没有人愿意被人轻视，也没有任何一个善良的人愿意轻视他人。但问题是我们可能已经轻视了他人而不自知。而且，所有的人都会在轻视他人时很迟钝，被他人轻视时很敏感。人与人之间的误解就是这样产生的。在轻视的氛围中，每个人都变成了孤岛。

佛说：无我相，无人相，无众生相，无寿者相。所以他才可以用自己的生命来换取一只鹰的生命，所以他的信奉者才有“我不下地狱，谁下地狱”的坦然和勇气。

众生平等不仅仅是一种信念，还应该是一种持久的情感和终身的实践。

一个人哪怕有一点轻视之心，那他若不是被泥潭所淹没，就会变成淹没他人的泥潭本身。

家庭是塑造孩子情感、认知和行为模式的“工厂”

齐天大圣孙悟空当年为了找一件好用的兵器，去了东海龙宫，龙王给了他很多兵器让他挑选，他都不满意，最后只好拿出了“定海神针”。孙悟空对这根针“一见钟情”，龙王虽百般不愿意，但最后定海神针还是变成了孙悟空手中的如意金箍棒。龙王斗不过孙悟空，只好到玉皇大帝那里告状，他说，自从孙猴子拿走了他的镇海之宝后，龙宫里便恶浪滔天，整个东海一刻也不得安宁。

在每一个家庭里，都有一根类似于定海神针的“定家神针”，这根“针”就是夫妻关系。我们可以通过一个实例，来看看这根“针”的作用，以及没有这根“针”或者说这根“针”失效时会出现什么问题。

一般来说，到我的心理咨询室咨询的咨客是一个人，我也更擅长一对一的咨询。但是，如果是年龄很小的咨客，父母就会跟着一起来。这天来到我咨询室的却不是一家三口，而是一家五口，我不得不从别的地方再搬一把椅子来。搬椅子的时候我就想，这个家庭的结构可能有点问题。

大家都坐下来，五人中年轻一点的女性做了介绍：她父母（孩子的外公外婆）、她丈夫 D 先生和八岁的儿子阿强。来咨询是因为孩子最近在学校出了一系列问题。然后她详细地谈了孩子的情况。

她说，阿强从小就是一个调皮的孩子，完全安静不下来，总是动，还经常跟别的孩子打架，几乎每次打架都是他先动手的。上小学后，他有一段时间要稍微好一点，但最近半年又开始犯老毛病，甚至有点变本加厉，上课总找其他同学讲话，有时候还无故地突然大声尖叫，把教室里的人都吓一跳，他却很高兴；老师批评他，他从来都不服气，跟老师顶嘴；在家里就更不听话了，不做家庭作业，故意把家里的很多东西都弄坏，脾气暴躁，有时候还对外公外婆动手动脚。老师找家长谈了几次，最后大家都认为应该找找心理医生了。

在 D 夫人介绍情况的时候，阿强没有闲着，先是摆弄我的一个盆景，摘了几片叶子丢在地上；然后摆弄我办公桌上的文具，用订书机把桌上的一本病历订了起来；在他打开我的抽屉，准备看看里面有什么东西的时候，D 先生愤怒地吼了一声："别动！"他这才悻悻地关上了抽屉。

我对 D 夫人说，能不能介绍一下家庭的情况？D 夫人开始有些犹豫，说家庭都很好，关系很和睦，应该没有什么可以导致孩子出现问题的因素，比如夫妻吵架等。我解释说，家庭是塑造孩子情感、认知和行为模式的“工厂”，而且，有时候一些表面看起来并不太坏的因素，也可能对孩子产生很多不利的影响。D 夫人同意了我的看法。以下便是这个家庭的一些情况：

D 先生和 D 夫人是大学同学，D 夫人是本地人，D 先生是外地人。毕业结婚后，没有自己的房子，就跟 D 夫人的父母住在一起。婚后不久有了孩子，孩子立即就成了这个三代同堂的家庭的中心。由于 D 先生工作忙，带孩子的事就基本上落在了 D 夫人和孩子的外婆身上。孩子的外公是一个沉默寡言的人，最大的爱好就是在外面跟人下棋，外孙的事很少管。即使他想管，中间隔着孩子的妈妈和外婆，估计也插不上手。久而久之，家里的一切事情，就变得都由母女俩说了算。母女俩对孩子可以说是百般娇宠，百依百顺，即使是做了很严重的坏事，也只轻描淡写地说他几句。孩子慢慢变得有问题之后，D 先生也曾想插手管一管，有时候他的严厉可以让孩子安静一下，但维持不了多长时间，而且对他的“辣汤辣水”，他妻子和岳母的反应十分强烈，经常明确反对他对孩子“态度粗暴”。时间一长，D 先生也就灰心了。现在的情况是，D 先生已经买了房子，但因为孩子如此“神勇”，家里不多几个人看着，实在放心不下，所以五个人仍然住在一起，反正岳父的房子也大，住着也并不觉得拥挤。

说这些话的时候，阿强已经把我的空白处方纸撕了好几张。他将撕碎的纸用力一吹，办公室地上就变得像下了一场大雪一样。这时候我提议，能不能跟孩子的父母和孩子三个人谈一谈？阿强的外婆好一会儿才听懂我的意思，大约不太想走，但看到我坚决的神情，才依依不舍地和阿强的外公走了出去。

外公和外婆一出门，阿强明显地安静了一点儿。但只持续了几分钟，便开始玩我桌上的透明胶带。D 夫人的目光，时刻都投注在孩子身上，只是偶尔看一看我。我直奔主题，问道："如果每个家庭都有一个轴心，你们觉得，你们家的轴心是由谁和谁组成的？"

D 夫人看了看自己的丈夫，D 先生就说，家里的事还是孩子的妈妈和外婆管得多些，也很辛苦的。D 夫人接着说："如果说轴心，那是我和我母亲组成的。"我说："管得多，当然就辛苦，但我们这里要讨论的，不是谁更辛苦的问题，而是什么样的轴心对孩子有什么样的影响的问题。你们认为，现在这样的轴心，可能会对孩子产生什么影响？"

D 夫人说："女人带孩子，最大的问题就是可能宠坏孩子，这个我们也知道，别的影响就不知道了。"我说："你和你母亲两个人带孩子，在孩子的心理感受上，和一个人带有什么区别吗？"D 夫人回答说："我不懂你的意思。"

我接着解释："你和你母亲的育儿方式，估计不会有太大的区别，遗传和学习的双重影响嘛。更重要的是，你们都是女性，所以会很相似。现代心理学认为，孩子的情感能力，主要是从母亲那里学会的，而与人打交道的社会能力，主要是从父亲那里学会的。社会能力主要是指：知道自己的边界，也尊重别人的边界，不轻易冒犯别人；遵守社会活动中的规则，知道哪些事情可以做，哪些事情不能做。所以说，在一个家庭中，由夫妻俩组成的轴心，更有利于孩子健康、全面地成长。

“从心理发展的观点来看，男孩子的成长需要有一个认同的男性对象，这个对象常常就是自己的父亲。阿强的问题，明显是社会适应方面的问题。由于父亲的‘缺席’，夫妻轴心少了一端，有一点‘阴阳失衡’，孩子缺乏可以认同的男性对象，不知道自己言行的边界在哪里，所以他想做什么就做什么，这实际上是在试探一个边界，看看在什么地方有人会喊‘停止’。如果不及时给他一个边界，他就不会停止试探。现在是试探在家里和学校里的边界，将来进入社会，就可能会试探法律的边界，那后果可能就很严重了。”

听完我的话，D夫妇看上去显得很忧郁。D先生说：“都怪我，成天忙工作，把孩子给害了。”D夫人说：“我也做得不对，宠坏了孩子。”我说：“你们都很爱孩子，是很好的、负责任的父母，找心理医生，就是你们爱孩子并且愿意让自己做得更好的表现。我们现在要做的，就是调整一下家庭的结构，建立一个夫妻俩共同教育孩子的轴心。”

D夫人说，要外婆少跟孩子在一起，那可有些困难。我说：“那当然，我们岂能剥夺他人的天伦之乐？外婆她想怎样还是可以怎样的，再说，孩子在部分时间被宠宠也没关系。我有四点建议。第一，以后一切与孩子有关的大的事情，都由你们夫妇出面解决和做出决定。这不会影响外婆对外孙的爱，对不对？”夫妇俩点头认可。

我接着说：“第二点，父亲尽可能多地跟孩子在一起。我想D先生你不会把外面的任何事情看得比儿子更重要吧？你现在每天都是超时工作，一天压缩一两个小时工作时间，影响不会太大吧？”D先生点头说：“影响不大，即使有影响，孩子也是第一位的。”

“第三点建议，多跟孩子在一起，陪他在家里玩、出去玩，让他跟别的小朋友一起玩。很多情况下，你跟他在一起，什么都不说，什么都不做，就已经足够了。如果他做了什么错的事，温柔而坚决地给他指出来；当然，如果他做得好，要及时表扬。不要过分相信‘谦虚使人进步，骄傲使人落后’之类的话。很多人就是小时候缺乏表扬，长大之后一点自信都没有，进步从何谈起？‘温柔而坚决’五个字，是人本主义者教育小孩的五字真言。态度不温柔不行，不温柔就可能造成孩子心理上的伤害，还可能激起他的反抗情绪，久而久之就变得越来越逆反，你说得对的他也不会听，因为他反感你的态度；不坚决也不行，不坚决就不能把‘你不能这样做，你只能这样做’的信息清楚地传达给他，这个信息就是给他一个边界，让他知道自己的言行在某些方面是要受到一定的约束的。”

D先生说：“你说得很对，我以前是要么不管，要么就很严厉地管，都做错了。”这是D先生第二次做自我批评，看来他处在很深的自责中，需要支持一下。所以我说："你不是故意的，而且孩子还小，可塑性很强，一切都还来得及纠正。"D 先生叹了一口气说："但愿如此。"

D 夫人接着问孩子在学校该怎么办时，我说："这是我要说的第四点建议。跟老师谈一谈，让老师像对待别的孩子一样对待他，该表扬就表扬，该批评就批评，不要有任何特殊。一特殊，就会把'我有问题'这样的感觉深深地印在孩子的脑海里，变成他自己对自己根深蒂固的看法，那他就可能破罐子破摔，总是停留在问题上。"

D 夫人说："是啊是啊。我们跟老师谈过好多次，老师看到我们夫妻都是很通情达理的人，孩子变成那样也是没办法的事，所以别的孩子犯一点错会受批评，我们阿强犯同样的错，老师就会马虎过去。相反地，出于正面教育的考虑，阿强在做好了一些事以后，老师给阿强的表扬也要比别的孩子多些。看来这样做也不好。"

最后我说，我们不要指望一两天就会产生好的效果，我们寄希望于远期的效果。对孩子的教育，有耐心十分重要。并建议他们，最好半年以后再到我这里来一次。当然，如果中间发生了什么特殊的事想找我谈一谈，随时都可以来。

七个月之后，阿强和他的父母又一次来到我的咨询室。这次他的外公和外婆没有来，所以我不用到外面搬椅子进来了。在母亲的吩咐下，阿强还大方地叫了我一声叔叔。D 夫妇脸上挂满轻松的微笑，跟上次来的时候完全不一样。D 先生说：

“我们根据你上次的四点建议，对孩子的教育做了调整，主要是我多跟孩子在一起。我花了很多时间，陪孩子做作业，给他讲故事，还带他出去参加各种孩子的活动，甚至有些大人的活动，我也带他去参加。孩子有很大的进步，在家里情绪很稳定，在学校虽然还是有点调皮，但能遵守起码的纪律，不再是老师心中的问题学生了。”我听了以后很高兴地说：“你们是了不起的父母，阿强是了不起的孩子。”

在我们谈话的过程中，阿强的一双眼睛一直在好奇地东张西望，看得出来，他对我办公桌上的一个手枪样的卷笔刀很感兴趣，盯着看了好几次，却没有离开座位去玩它。我想：在这个家庭中，由夫妻组成的“定海神针”已经发挥了很好的作用，孩子成长环境的“阴阳失衡”问题已经得到解决，我作为心理医生已经可以放心了。

如何打败控制命运的力量

提到命运，就让人想到存在于我们的身体和心灵之外的某种神秘力量，它主宰着我们生命中的一切，可以让我们幸福或者痛苦、成功或者失败。在命运的面前，我们的努力总是会显得软弱和微不足道。

命运真的是一种外在的力量吗？它真的神秘得不可探知吗？

一百多年前，一位著名的心理学家在对他的孩子的观察中发现，孩子在经历了一件痛苦或者快乐的事件之后，会在以后不自觉地反复制造同样的机会，以便体验同样的情感。这位心理学家把这种现象称为强迫性重复。

强迫性重复的现象也可能在每一个成人身上存在。比如，一个人际关系不好的人，他可能一个朋友都没有，这样的结果就是由一系列强迫性重复导致的。最开始的时候，也许他只跟部分人关系不好，只有部分人不喜欢他。慢慢地，由于强迫性重复的力量，他会不自觉地制造一些事件，让所有的人不喜欢他。或者换句话说，他会下意识地教会别人都不喜欢他，以便强迫性地重复那些痛苦的体验。

在生活、工作等方面都很失败的人，也是因为掉进了强迫性重复的旋涡。我们的周围真的有这样一些人，你不断地会听到关于他们的坏消息。每一个坏消息传来，我们都会叹一口气说：“唉，他就是这个命，他的命不好。”

而一个各方面都很成功的人，他强迫性地重复的东西，都是那些好的、令人愉快的体验。他总是教会别人喜欢自己，教会自己把那些必须办好的事情办好。我们的周围当然也有这样一些人，你可以不断地听到关于他们的好消息。

每一个好消息传来，我们都会赞叹地说：“他就是这样的命，他的命好，命好比什么都好。”

所以，我们可以肯定地说，所谓的命运，实际上就是心理学所说的强迫性重复。它不在我们的心灵之外，而在我们的心灵之中。如果说它神秘，那只是因为我们不理解它而已。

强迫性重复的特点和要害就是“不自觉”，它隐藏在我们心灵深处，我们很难看到它和把握它。因此，打破坏的强迫性重复的方法，就是要更多地了解自己，了解自己的情感、思维和行为模式，把可能导致重复的环节切断，并且勇敢地尝试各种新的、好的体验，以建立良性的强迫性重复机制。

伟大的音乐家贝多芬在经历了一系列惨痛的事件之后说："我要扼住命运的咽喉。"这句话也可以说成我要打破强迫性重复的怪圈。他的史诗般的交响曲，就是他的心灵与坏的强迫性重复的力量做顽强斗争的写照。

培养把复杂问题简化的能力

人类精神发达的最显著标志也许是，人类可以自己探索自己的精神世界。在这样的探索中，由于探索者和被探索者是一体的，主体和客体、主观和客观之间永远都没有明确的界限，所以其难度可想而知。数千年来，探索的结果从数量上来说已经非常大，但是，也许其中的一大部分只不过是主观的臆断而已，离被探索者的真实相去甚远。

说那些结论是“主观臆断”这一判断本身就有问题。首先是因为这个判断本身就有臆断的嫌疑，因为我们到现在为止还不知道究竟什么判断不是臆断，我们甚至可以说一切判断都是臆断。其次，这些探索的结果本来就是人的精神世界的产物，是应该被探索的客体，谁在探索和谁被探索在这里又混杂在一起，混杂成了一个似乎永远都无法解开的死结。

虽然探索之路扑朔迷离，但人类从来都没有停止过探索的努力。在解决探索的主体和客体的边界不清楚这一难题上，人类发明了无数的探索工具，以切开主客体之间粘连和重叠的部分。只有切开了、分离了主客体，探索才会成为可能。

从探索的工具及其使用来说，东西方有着巨大的差异。这一差异曾经被看成一个巨大的障碍和问题，但现在看来，它简直是命运之神赐给人类的巨大礼物。如果没有这种差异，探索的全面性就会大打折扣，而且探索过程本身也会丧失百花齐放的壮观和趣味。

如果要分别在东西方文化中各选一个具有代表性的探索人类精神世界的工具，那我的选择是：东方的佛学和西方的精神分析。它们从完全不同的角度，以不同的方式呈现，但却指向完全一样的目标——人类的心灵。

工具的产生极大地促进了探索，但是工具也制造了额外的障碍。这一障碍来自工具本身。也就是说，在探索的过程中，由于工具的发展甚至膨胀，导致了探索者只对工具感兴趣，工具成了探索的目标，替代了人的心灵。

精神分析的历史虽然才一百年，但由于社会的发展，相关的资料也算得上浩如烟海了，它自己也就成了一种需要探索的对象。所以一直有很多人只对它感兴趣，而忽略了它只是探索心灵的工具这一事实。如此的本末倒置，真让人唏嘘不已。

佛教的禅宗是一种试图完全取消工具的努力，但那个境界太高了一点，高得有点看不见、摸不到、抓不着。折中的方式是，我们可以把工具弄得简洁一点。简洁的力量就在于，它不会让你过多地分散精力，又不会让你感到虚无缥缈，既能使用探索的工具，又不会为工具所累。

在表达上，简洁是一种非凡的能力。把复杂问题简化的能力本身，就是一个巨大的心灵之谜。

内向者会不自觉认同别人的评价，使自己成为与别人的评价相符的人

人们用内向和外向来对人的性格进行分类，已经有几个世纪的历史了。但这两个词变成重要的心理学专业术语，然后又变成妇孺皆知的日常用语，当归功于瑞士精神病学家荣格。在心理分析史上，荣格的影响仅次于奥地利精神病学家弗洛伊德，甚至有人认为，他在丰富我们关于人性的知识方面，比弗洛伊德的贡献更大。

荣格认为，内向性和外向性是人类性格中最基本的方面，而且，许多哲学思想上的分歧均源自这两种倾向的相互冲突。他是一个对东方思想很感兴趣的人，他说，西方的思维方式是外向性的，而东方的思维方式恰恰相反。这是把这两个词用于不同人群的比较之上了。当然，内向和外向的说法，还是在单

个的人身上用得更多一些。当我们描述一个人的个性时，首先考虑的便是他是内向的还是外向的。

荣格认为内向性格的人有这样的特征：他把他的心理能量向内释放，也就是说，内向者的兴趣所在不是外部世界，而是自己的内心世界，即他自己的观点、思想、情感和行为。而外向者则把心理能量或者说兴趣指向环境中的一切。从这些差异中我们可以看出，外向的人对环境的变化比内向的人要敏感和迅速一些。

对内向和外向性格的优劣判别，专家们的意见有一些不一致。弗洛伊德认为，外向性格是健康的象征，而内向性格者具有精神病的倾向。他指出，向内释放心理能量意味着自恋，向外释放心理能量则表明此人有可能达到真实的、客观的心理宣泄，并且能一步步地走向成熟。但是，荣格并不这样认为，他认为内向和外向根本没有优劣之分。

另一位著名的研究个性的心理学家艾森克，则从大脑的生物学性质来谈内向和外向性格的差异。根据他的观点，内向性格的人大脑皮层非常敏感，因此，即使是不太强烈的外界刺激，也会使他们产生强烈的反应。所以为了保护自我，他们会逃避周围的世界，控制自己的愿望或约束自己的行为，以减少自己与他人的交流，也就同时减少了产生冲突和受到伤害的可能性。而性格外向者的情形则相反，他们的大脑皮层相对来说不那么敏感，所以他们需要从外界环境中得到更多的刺激，借以克服自身大脑皮层的迟钝性。如果艾森克是对的，那我们可以简单地说，从纯生理角度看，内向者比外向者要“聪敏”一些。

专家们说的相互矛盾，谁是谁非难以分辨。但在实际生活中，我们可以看出内向者与外向者其实是各有短长的。

但任何事物都有一个度的问题。极端的内向和极端的外向肯定都不是好事。从统计学上说，这两类人只占很小的一部分，大多数人是处在内向与外向之间的某一处，或者稍偏内，或者稍偏外。

很多性格内向的人对自己不满意。他们寻求心理医生的帮助，希望自己能外向一点、活跃一点；他们并不知道，有许多性格外向的人对自己也不满意，也找心理医生，希望能变得稳重、成熟一些。所以对自己不满可能不是因为内向或者外向，而可能是别的更深的原因，如童年经历中所受的一切创伤。

在心理医院门诊做心理咨询和心理治疗的人中，性格内向和性格外向的人的总数大约是相等的，所以没有任何证据说明内向者比外向者更容易产生心理问题。但在某一些病种里，两者有一些差异。如常见的对人恐惧症，内向性格者要多一些；而轻躁狂则多见于外向性格的人。重型精神障碍也多发生在内向者身上。治疗效果也与内向性和外向性没有太大关系，而与患的什么病有关。

我们可以把内向性格分为健康的和不健康的两种。健康的内向性格是自然、和谐的状态，这样的人有着与他的性格相适应的能力和理想。而且，处于这种状态的人对这一状态没有太大的不满，并且愿意承受由此带来的诸多不便。比如一个性格内向的人喜欢读书、写作，他的理想是当作家，作家有时是很孤独的，这刚好符合他的性格，他愿意承受那份孤独，那我们就可以认为他的内向性格不但没有什么不好，反而有助于他成功。

不健康的内向性格是不自然、不和谐的状况，这样性格的人给人的感觉不仅仅是“内向”而已，还有一些忧郁、压抑甚至悲伤。他们明显地对自己的状况不满意，而且会为自己拙于言辞或在公共场所表现不佳而深深地自责。由于长期的退缩，他们也会丧失一些实际利益，这同样也是他们不能接受的。表面看来，这样的人可能很安静，然而他的内心却冲突不断。一方面，他也渴望交流，渴望了解他人，也被他人了解；另一方面，由于在交流中受到了太多的伤害，他总是对交流的情景和结果心存畏惧。如果是这样的内向，就该寻求心理医生的帮助。

即使在同一个人身上，内向性和外向性也是相对的，或者说共存的。我们都见过这样的人，他们在某些场合很内向，不多说一句话，也不多做一件事；但在另一些场合，则可以滔滔不绝地说，不知疲倦地做，就像是换了一个人一样。如果他们觉得那样没有什么不好，那也就不成问题了。

内向性格者当然也会知道别人对自己的评价，这些评价有一定的暗示性。他们往往会不自觉地认同别人的评价，并使自己成为一个与别人的评价相符的人。这样的暗示当然是弊多利少了。所以与内向性格的人相处，也许应该提示他也有积极、主动、活跃和健谈的那一面。

把性格分成内向和外向两种，显得过于简单了。美国心理学家卡特尔就把性格分成十六个基本因子，它们是：乐群性、聪慧性、稳定性、恃强性、兴奋性、有恒性、敢为性、敏感性、怀疑性、幻想性、世故性、忧虑性、实验性、独立性、自律性、紧张性。这样的分类，就全面得多了。但人性之复杂，即使用数以万计的分类，也不足以将其精确描述。对一个活生生的人，你只有调动你的全部感受器官去了解他，你获得的信息才会是全面和准确的，那些简单的分类，对你了解一个人不会有太大的帮助。

大自然造物，最伟大之处就在于她的创造是丰富多彩、绝不雷同的。我们感谢她也创造了性格各异的人。人生在世，与人打交道是最有趣味的事。其中最大的趣味，就是因为我们每个人都不一样，都有自己独有的经历和个性。对于每一个个人而言，他生活的一项重要使命就是：充分地了解他自己，并且充分地体验、享受和发展他的独一无二性。

善良是洞察人性中恶的能力，并把他人的痛苦完整地理解为痛苦的能力

好多年前，在医学院念书时的一个寒假，我在家里意外地收到一封学校寄来的信。打开一看，原来是我的有机化学没考及格，通知我提前三天去学校参加补考。用五雷轰顶形容当时的感觉，大约不算太过。一个寒假要复习不说，心情也极恶劣，过年的好东西全无心思品尝。更糟糕的是，下学期去学校，怎么好意思面对同学？

刚过完年，我就匆忙赶到学校。令我奇怪的是，竟然有好几个同学先我而到了。一问之下，才知道他们也跟我一样，是某一门甚至两门功课不及格，提前到校参加补考的！我的心情立即大为好转。

当时我并没有意识到，我的心情为什么会好转，而且在以

后相当长的时间里，我也或被动或主动地用过类似的方法调整过自己的心情。这个方法从根本上来说就是：在自己因为倒霉而痛苦时，如果碰到一个更倒霉的人，我们的痛苦就减轻了。

我一向觉得自己是一个善良的人，或者说我一向希望自己是一个善良的人。但当我意识到我以上的心理时，我对我是否真正善良产生了深刻的怀疑。把愉快建立在别人的痛苦之上的人，怎么会是一个善良的人呢?

相信不止我一个人有这样的心理。我见过很多人，他们也用同样的方法使自己达到心理上的平衡。从他们的言行来看，他们都是不折不扣的善良的人。但善良不仅仅在于言行。真正的善良存在于念起念灭的倏忽之间。祖祖辈辈以杀人为生的职业刽子手，若是在行刑前想到磨快屠刀，让受刑者少一点死前的痛苦，那一念就是善；普通人在日常生活中见到不幸的人而生出比较之心而不是同情之心，那一念就是恶。

人性中有善也有恶。恶的那一部分，往往被压在我们自己都无法察觉的地方，并且以我们同样无法察觉的方式影响着我们的心情和行为。心理学的主要任务，就是把这些恶暴露在光天化日之下。

善良不是一种愿望，而是一种能力——一种洞察人性中的恶的能力，一种把他人的痛苦完整地理解为痛苦的能力。

做一个人最重要的，也许就是学习善良。

男人没友谊，可能比没爱情还可悲

经常有一些结婚不久的女性问我："你说我那位是怎么回事？跟我结了婚，我好吃好喝地把他伺候着，他却总忘不了做单身汉时候的那一班狐朋狗友。隔三岔五就要聚在一起，又没有什么正经事，除了喝酒吹牛就是装疯卖傻，我提意见他还跟我发火，在他眼里怎么我连那些臭男人都不如？是不是一结婚他就不那么爱我了？"

对这样的问题，我总会半开玩笑半认真地回答说："也许你找了个同性恋丈夫，他喜欢的是男人，没办法才跟你结婚。"听了我的回答的女性往往会嘿嘿一笑，认为我是百分之百开玩笑的，因为她们清楚地知道她们的丈夫不是同性恋。

但是，我绝对不完全是开玩笑。我说的是一个基本事实：从心理发展的过程看，同性恋比异性恋更接近人的心理天性一些。这是因为，人一生下来，在心理上是你我不分、男女不分的。四岁之前，是心理学上所谓的共生和自恋阶段。在这个阶段里，我们只爱自己和跟我们一样的人。我们会认同跟我们一样的人，即使别人跟我们不一样，我们也会从心理上把他们变得跟我们一样，然后再认同。认同之后，我们才会爱他们。这就是同性恋的原始状态。四岁之后，性心理开始萌生，慢慢地我们就知道性别的差异，如果没有什么大的意外，我们的性心理就会发展成跟大多数成年人一样的状态：排斥同性，喜欢异性。所以说，同性之间的相互吸引要早于异性之间的相互吸引。或者换句话说，每个人都是从同性恋状态进化到异性恋状态的。

在部分女人看来，男人们有时候一起做的事完全没有意义，比如上面提到的吃喝玩乐。当然，这从某些方面来说也是对的。做那些事不仅创造不了经济效益，反而会消耗各自的金钱；花费很多的时间，又没有增加什么文化知识；陪朋友多了，自然就陪家人少了，不利于家中的安定团结；等等。但是，从另外一些方面，尤其是从心理方面看，男人跟男人在一起，对男人却有着非同寻常的意义。这是因为：

第一，男人需要从别的男人身上，获得对自己的性别的认同。“我是男人”这种感觉，是一种需要在一生之中不断加强的心理体验。这种感觉只有一小部分来自跟女人的对比中，绝大部分来自其他男人的认同中。成天在女人堆里打滚的男人，他也许会很表浅地认为自己是个男人，但时间一长，他的心理就可能被女人化了。这样的例子很多。文学作品中有贾宝玉，还有中国历史上很多继承祖业坐天下的皇帝，“长于深宫妇人之手”，经常打交道的男人又基本上是太监，所以他们的性格往往刚毅不足而阴柔有余。这样的人治国，后果可想而知。男人只有跟男人在一起，才能够互相认同，互相加强男人气概。比如《天龙八部》中的萧峰，也许是金庸小说中最具男人味的男人，他最喜欢干的事情就是跟丐帮的兄弟们一起喝酒。

第二，人性中有一种先天的攻击性力量，这种攻击性在男人那里表现得尤为明显。男人如果把攻击性针对女性，就不会被社会规则认可。在男人跟男人的交往中，如果直接进行攻击，那是一种低级的方式，往往会造成两败俱伤的结局（如打架）。但是，在男人和男人之间，我们经常可以看到的是某种变异的攻击性的表达，为了便于理解，我们不妨称其为娱乐性攻击。男孩子从很小的时候开始，就会通过相互打斗取乐，越好的朋友之间，打斗得就越多，这就是所谓娱乐性攻击——既表达了必须表达的攻击性，又不伤和气、不撕破面子。成年男人之间，这样的娱乐性攻击的例子就更多了：首先是躯体的，两个好朋友很久没见面，见面就互相给几拳头，既是娱乐又是攻击，看他们的高兴劲儿，就知道攻击和被攻击都是男人的一种需要；然后是语言的，一群男人在一起，相互讽刺、挖苦、嘲笑，无所不用其极，越“恶毒”还越热闹、越亲热；在社交场合，男人们比拼喝酒，是最常见的娱乐性攻击方式，被逼着喝酒的人，明知道对方是想通过把自己灌醉来攻击自己，却就是翻不了脸，反而要赔着笑脸去斗智斗勇。

第三，男人之间也是有温情的。不过这种温情跟男女之间的温情不太一样。从某种意义上来说，男人更容易受伤。因为社会对男人的要求要多一些、高一些，而且，在他脆弱的时候，表达的途径也不如女人的表达畅通——女人可以表现软弱，用一切可能的方式，男人却不行。在男人受伤的时候，女人给他的温情，就是护理他的伤口，给他安慰。但是，这经常是不够的。而男人给男人的帮助是这样一种感觉：我跟你站在一起，我要把你没搞定的事搞定，我要把欺负你的人打败。虽然他不一定要真的那么做，但那种感觉会传达出去，能够使受到关爱的另一个男人振奋。还有，从更深层说，男人接受另一个男人的关心，会让他隐隐地感到某种程度的父爱。父爱是一种强有力的爱，在强大的父亲的照顾下，人会感到无比安全，安全正是脆弱的男人最需要的东西。

第四，关系再好的男人之间，都存在着竞争。我们甚至可以说，关系越好，比得就越厉害。这种竞争有时候会很残酷，但更大程度上是一种娱乐。这就像两个好朋友下棋，友谊是一回事，输赢是另外一回事。从小的方面说，这种竞争有利于男人心智的成长；从大的方面说，这种竞争是人类社会前进的原动力。没有竞争的友谊是不存在的。友谊只不过是竞争的缓冲剂和润滑剂而已。在友谊平台上的竞争，是既充满挑战又充满温情的。没有竞争的友谊不会稳定，还有些虚伪。而没有友谊的竞争，就可能是你死我活的拼杀。

当然，男人们在一起，不会像上面提到的那些女性说的那样，不干什么正经事。男人在一起干的最正经的事就是事业。这已经不需要举什么例子了。男人在事业中结成的关系，几乎可以用伟大来形容。我大学时候的一位女同学，在我们已经毕业了十年之后对我说："我现在明白了，男人与男人的友谊，可以比男人和女人的爱情更深厚一些。"她说的是我跟她丈夫的关系。我听了以后对她佩服得五体投地。因为，一个女人要理解这一点，需要的不仅仅是智慧和悟性，还需要非凡的气度和博大的胸襟。所谓的"小女人"是看不到这一点的，即使是看到了，也会要死要活地把自己的男人从别的男人那里抢过来，使自己成为自己男人心中最重要的人。她可能永远都不知道，这样做只会使自己的男人离自己越来越远。

有人说，要了解一个男人，只要看他交什么样的朋友，以及怎样交朋友就可以了。这里所说的朋友，主要是指男性朋友。因为跟女性交朋友，他的大部分心思都要花在如何把握分寸上。距离太近、太远都可能会出问题。跟男性交朋友，虽然也会考虑距离问题，但花的心思却要少得多。男人的朋友有两种，一种是跟他差不多的，有相似的性格、爱好等；另一种是可以弥补他的不足的。还有一种分类法，就是看这个男人交的朋友有多少是跟他的利益有关的。只交对自己有用的朋友的男人，可能是很势利的男人，这样的男人不可能获得真正的友谊。实际上，现实的利益只是生活的一小部分，生活的绝大部分内容都应该是精神的，如果我们没有足够的纯友谊的资源，那一生都会过得十分贫乏和凄凉。从某种程度上说，这可能比没有女人的爱情更可悲。

最后的话是给本文开始时提到的女性说的：你如果爱你的丈夫（或者男朋友），那就一定要给他一点时间，让他跟男人“厮混”在一起。这会使他更像一个男人，也会使他在你给予他的幸福之外，多获得一份对他来说必不可少的快乐。

外表改变是内心改变的结果，也是酝酿下一次更大改变的推动力

去年春节，一位在南方工作的朋友回武汉时到我家来看我。一见面，我大吃一惊，他竟然把头发染成了金黄色。我简直不敢相信，站在我面前的竟然是打了近二十年交道的老朋友。

如果换另外一个人这样做，我吃惊的程度绝对要小得多。他是何许人也？是我在大学时的哲学老师，年龄比我大七岁。我们的关系虽然名义上是师生，实际上是朋友的成分要多得多。有几年我们几乎形影不离，共同经历过很多事情，互相之间非常了解。作为哲学老师，十多年以前他是符合我们想象中的哲学老师应该有的形象的。不仅如此，他可能还比我们想象的形象更保守一些。读的都是宗教、哲学和艺术类的严肃书籍，听的全是欧洲古典音乐。还有一个很能说明他的风格的例

子：有几年时间，他都是穿着最老气的、对襟衫式的棉袄过冬，那可是五六十岁的人才穿的款式，而他那个时候还不到三十岁。这样的一个人，你绝对想象不到他在四十多岁的时候会做出把头发染成金黄色这样前卫的事情来。

我从来都坚信，外表变化的前提是内心的变化，如果内心不改变，外表的改变就不可能发生。在后来跟这位朋友的交谈中，我的这种信念也被证实了。他是八年前下海经商的，意气风发的商人心态，与默默做学问的哲学教师的心态相比，当然是完全不一样的。我们无法评价染发是对还是错，也不能说哪一种心态要更好一些。不管怎样，一个人改变了自己的心态和外表，只要他自己觉得那样的改变没有什么不好，那我们就该祝贺他，因为这些改变意味着经历和见识的增长，以及对自我的某种突破和超越。这种突破和超越不是在每一个人身上都会发生的，也不是随时随地都会发生的。

在一个开放的社会中，对自我外表的约束主要来自两个方面。一是来自自己内心。我们每个人心里都有一个所谓的自我意象，这一自我意象包括我是一个什么样的人以及与这样一个人相适应的外表是什么。另一个约束来自人际关系，也就是周围我们在乎的人对我们的变化的反应。

比如一位女中学生，她心里的自我意象是单纯、朴素、自然和充满活力的。与这一自我意象相称的发式等外表形象也应该具有同样的特征。如果有人让她把头发染成金黄色，然后再做一个朋克式的怪异的发型，估计她不会愿意，因为这与她的自我意象不相符。我们再假如有人巧舌如簧地说服了她，她真的去做了那么一个发型，那她在家里和在学校里的麻烦就要接踵而至了。用不了几天她就要慎重考虑：为了头发的颜色和发梢的不同朝向而多那么多令人不愉快的事儿，是否划算？新的生活的确可以从改变发式开始，但若改变了的生活还不如以前，那还不如再改回去。

有的人的外表是几十年一贯制的，甚至是终身都不改变的。只要他们自己不觉得有什么不好，那就没有什么关系。无论如何，一个人只能自己对自己的外表负责，就像对自己的内心负责一样。这些不求变化的人中的一部分人很值得一提。据说北京大学有几位德高望重的老教授，穿衣和打扮就是几十年不变。也许不能说，他们是内心没有发生什么变化，所以外表也不变。我猜测可能的原因是，他们花了太多的时间和精力把他们的心灵世界建构得华美而辽阔，以至于无法或者不屑于顾及外表。佛教认为人的肉体是“臭皮囊”，那毛发和衣着连“臭皮囊”都不如，何必管它们呢？在他们那里，衣着只保留了其最基本的功能：遮羞和保暖。至于对头发和胡子的态度，可能就是遵守八字真言：脏了就洗，长了就剪。

这些特立独行的人是特殊的个人经历和特殊的历史条件造就的。现代教育的方针，除了我们一直强调的德智体三方面以外，还应该强调对受教育者的审美教育，以使他们度过更加和谐完美的一生。我们无法想象，如果所有的男士都不修边幅，或者街上没有一个发式优美、衣着亮丽的女子，那这个世界会是什么样子，那还会有多少人留恋尘世的生活。每当想到这一点，便让人对那些在打扮了自己的同时也打扮了整个世界和人生的人油然而生感激之情。不知道是否有人研究过，这些人对人类的心理健康是否做出了极大的贡献，因为没有他们，抑郁症患者大约会成倍地增长，自杀率也可能会增加许多。

前面已经说到，内心改变了，外表才能跟着改变。因为一个人的行为说到底就是他的内心活动的外部呈现。而且，改变了的外表也会对内心产生反作用，促成内心更大的变化。由此产生积极的良性循环。源于东方思想的森田心理治疗理论和方法，就很重视外表的改变，甚至认为外表的改变是内心改变的前提条件。森田治疗会要求患者自己强制自己做一些事情，以使自己的外表和所处的环境显得干净、整洁，行为显得有条理。在内心慢慢地认同这样的外部形象后，混乱的内心也就可能变得宁静了。我的一位大学同学，聪明绝顶，博览群书，成天就是考虑“本体论”之类的哲学问题，个人生活却一塌糊涂，完全不修边幅，估计那些哲学问题也没怎么想清楚，所以大脑一片混乱，情绪反复无常，经常胡言乱语，不知所云，给人的印象就像一个怪物。毕业以后我们各奔东西，十年以后同学聚会再见面，此老兄像完全换了一个人，不仅“腹有诗书气自华”，而且发型、衣着相当讲究，言谈举止也很得体。我悄悄地问他：“老兄，你当年只顾装修里面，怎么想通了把外面也粉饰一下了？”我们之间心有灵犀，我的意思他一听就明白，然后他回答了一句很简单但意味深长的话：“我以前以为外面是别人的，后来不那样认为了。”我不太好问具体的过程是什么样的，但有一点我敢肯定，是心灵和外表长时间的良性互动，造就了这样一个内外都和谐的形象。

这位同学的经验是否可以给另外一些朋友以某种启示呢？我们知道，有很多聪明而有抱负的年轻人总是会思考诸如“人的本质”“活着的意义”等问题。

他们潜在的动机可能是，希望把那些东西一下子想通，从而使自己的人格得到“突然的”改变和完善。这种突然性当然是不会存在的。实际上，抽象地思考那些问题根本没有意义，除非你是靠想那些问题赚钱吃饭的哲学家或理论家。人活着的全部意义，都需要通过一些具体的事物或者事件来表达。比如我们对发式、衣着的态度，从较深的心理层面来说，就是我们在对“我是一个什么样的人”以及“人应该怎么活着”做出了判断和思考以后所表达的态度。或者说简单一点，一个人的外表是他内心的反映，所以，一个人的外表可以向我们展示他是一个什么样的人，他对“活着”是怎么样理解的；同时也可以向他自己展示他是一个什么样的人。

外表的任何改变，其意义绝不仅仅在于多引起一些别人的注意，或制造更多的街头风景。这些改变带给我们的全新的自我感受，会导致我们整个人格的震荡。它既是我们内心改变的结果，也是我们酝酿下一次更大改变的推动力。我们就这样在成长的和通向完美的道路上行进着，一路上都会有喜悦殷勤陪伴。

修补人生

家里铝制锅盖中心的手柄经常在使用时脱落，今天在地摊上花了一元钱买了一个新的，装上以后再用，便不用再经历高温时用抹布揭盖子的惊险了。

前一段时间洗脸池的水龙头出了问题，老关不紧，滴滴答答漏水，既浪费，又制造恼人的噪声。一个中午没睡午觉，就把这个问题解决了。

还有关不严的门窗、不好用的插座、破损了的家具，等等。在修修补补中，新的和旧的问题更替，岁月也就慢慢变得老了。很遗憾，岁月本身是不可以修补的。

门前的那条城市主干道，也是几经修整。现在宽阔而平坦，过去的泥泞以及行驶其上的颠簸感早已被人遗忘。在稍远处的立交桥周围，出现了一处街心公园。绿色的草地和点缀其中的各色花朵，为冰冷的钢筋水泥架构营造了一个有生命力的背景。整个城市都在人们的视野里迅速地洁净亮堂起来。

还有另一种修补发生在数以百计的各类学校里，那就是知识的修补。从小学到大学，从文化补习班到高级学术研讨会，各个年龄层的人们都在聚集知识的材料，用来装修他们的知识殿堂。毕竟这是一个知识的年代，毕竟知识是一切可以对人进行修饰的色彩中最灿烂的那一道。

然而对人生最重要的修补却是看不见的。它发生在每一个人的心灵深处。一颗心从它诞生的那一天起，就必须面对风风雨雨、酸甜苦辣，所以每颗心都可能受到挤压或者腐蚀，都有冻伤、烫伤或者破损的可能。更令人伤感的也许是，我们的心灵从造化那里获得的许多力量中，有一种或者几种是自毁的力量，所以我们的心灵常常有无风三尺浪的动荡与不安。用一首歌曲中的歌词来说，就是："当我们看着这座城市，想着在这座城市里一定有许多破碎的心吧。"

所以才有那么多的教堂与寺庙，所以才有牧师、出家人和心理医生。当一个人需要修补心灵时，自然会想到他们。

"地下东南，天高西北，天地尚无完体。"虽然我们没有初始的和现在的完整，但我们有修补的愿望和决心。相信有一天，破损的会再复原，而经过了修补的心灵会更加成熟和坚强。

如何摆脱对自己的关注，放下身外之事

据报载，美国航空航天局在1972年向太阳系外送去了第一个人造物体，名为“先驱者10号”。在经历了近三十一年的飞行之后，航天工程师们最后一次收到了它传来的微弱信号。这意味着，这个第一个飞出太阳系的“星际使者”已经永远告别了人类，从此只能孤独地在浩渺的银河系中悄然漫游了。

以下是关于“先驱者10号”的一组数据：速度，每小时54.4万千米；其失联之前距地球的距离大约是120亿千米；它将在寒冷和黑暗中继续飞往距离地球68光年的金牛座星群，如果一切顺利的话，将在约两百万年后到达那里。

这些数据，对我们的想象力是很大的挑战。在我们的生活中，每小时120千米的开车速度，已经是非常快了；绕地球一圈，也才40076千米，如果走路的话，走上几年也就走完了；

两百万年是多久？以人类个体百年的生命去想象，简直就不可能，就像庄子所说的："朝菌不知晦朔，蟪蛄不知春秋。"

受到挑战的，又岂止是我们的想象力？我们对自己的感觉，在这样一些不可思议的时间和距离面前，也该有些改变吧。外面的世界原来如此之大，我们居住的地球原来如此之小，人类在宇宙中原来如此微不足道，至于个人，那就更不必说了。在我们不知道这些的时候，我们往往把小的看得太大，轻的看得太重，所以才有那么多自大的沉重与烦恼。

还有对周围发生的那些事件的态度，是不是也该有些改变？与"先驱者 10 号"的漫长漂泊相比，在人一辈子三万天左右的时间里，所有的爱恨情仇、悲欢离合，又有什么值得过于萦怀的？

宇宙没有烦恼，因为它足够大，大得能将一切都稀释。相信"先驱者 10 号"也没有烦恼，因为它还有很长的路要走，有很多的日子要过，烦恼会影响它的行进，它会把烦恼丢在路上，或者丢在已经过去的岁月里，除了它自己，没有任何东西值得它永远地带着。

所以，在无法摆脱对自己的关注，也无法放下那些身外之事的时候，就找一个开阔的地带，抬起头来，看一看天空吧。碧海青天，星移斗转，浩渺的宇宙会使你的心胸变得跟它一样的浩渺，能装得下你所遇到的一切心事与世事。

另外，也别忘了常常想念一下"先驱者 10 号"。想念它的时候，心就和它在一起了，这样你和它也就都不再孤独。

为人生的愿望设置一个顺序，内心就能恢复和谐了

我的高中，是在我表哥工作的学校读的。他是英语老师。那个学校是省重点中学，如果把学校前身的历史也算进去，建校已经一百多年了。

表哥的经历很曲折。初中毕业就下放到农村，因为家庭成分问题，失去了很多学习和就业的机会。在农村待了数年以后回城，就到我读书的那所中学做厨师。在这期间，受他做了很长时间英语教师的父亲（也就是我舅舅）的影响，他坚持自学英语，一直没有间断。那个时候，中学的英语老师奇缺。有一次，高中一年级的英语老师因为突然生病而不能上课，有人就想到了那个自学英语的厨师。

学校教导主任去食堂找我表哥的时候，表哥正在烧菜，腰

上还系着围兜。教导主任说明来意，并且要表哥立即就去教室上课。表哥取下围兜，擦了擦手上的油，就跟着教导主任去了。课当然上得很成功。后来他就成为这所中学的英语教师，再后来就成了英语教研组的副组长，最后是组长。20 世纪 80 年代末，他被评为“全国十大杰出中学英语教师”，受到许国璋等英语教学名师的接见。他的头像，还被烧制在一个纪念性的瓷盘上。他的学生中，有几位上了国内最好大学的外语系，还有几位在大学里英语成绩总是全校最好的。我不是他真正的学生，只是一个间接地向他“偷学”了一点英语的“差生”，工作后也靠着英语混了很长时间，幸好不是混得太差。

高中那两年，我和他一起住在他的那间不到十平方米的教工宿舍里。在生活和为人处世上，我受到了他很多影响。即便到今天为止，他仍是我见到过的心理最健康的人，既从容安详，又风趣幽默，处处受人尊重和欢迎。

有一件生活小事，我现在还记得清清楚楚。我十四岁之前，连手绢都没有自己洗过，在表哥那里读书的时候远离了父母，洗衣服之类的事就要自己动手了。刚开始我是这样洗衣服的：把衣服放进脸盆，加入洗衣粉，再加水。这样搓洗的时候衣服上沾着的洗衣粉还没溶化，洗起来特别不爽。表哥看到我这样做就说：“这样不对，我教你，先把洗衣粉在温水中溶化，然后把衣服放进去浸泡，十五分钟后再搓洗。”我一试，果然很管用。

最重要的并不是这样做可以把衣服洗得很干净，而是在这样做的时候，我的内心有了一个稳定地做事情的顺序，沿着这个顺序往下走，可以使单调的事情变成一种享受。当然了，任何事情一旦变得顺畅，都可以是享受。后来读大学、出国，我都是自己洗衣服。从最低限度来看，这件事对我来说不是一个麻烦，而且，即使说有时候它是一件让我愉快的事，也并不夸张。

按顺序做事，这是表哥的特点。像前面提到的，他很早就清楚地知道，学一样过硬的养家糊口的本事是要优先考虑的事，所以他就学了，机会一到，他就有能力将其抓住，为自己的一生建立一块颠扑不破的基石。

人一生要过得安稳幸福，也需要按顺序来。也就是在该做什么的时候就把什么事情做好，顺序一乱，失去机会不说，还可能使心中方寸大乱；在不正确的时候做不正确的事，既会事倍功半，也会让做事本身变成一种苦差事。这样一来，享受生活就会像梦幻一样遥远了。比如我见过很多年龄不算小却还在攻读较低学位的人，虽然我很钦佩他们不放弃的决心，但心里有时还是会觉得，他们的生活顺序出了点问题。

一个人内心的纷扰，很大程度上是因为，在他的内心有很多愿望同时要被满足，相互之间产生冲突，宁静就被打破了。在这种情况下，就需要设置一个顺序，让有些愿望先被满足，有些愿望推迟满足。轻重缓急一旦清楚，内心可能就恢复和谐了。

当然和谐也可以是从外向内的。从洗衣服放洗衣粉和加水的先后，到整理好文件柜、收拾好书桌、事先想好去一个地方的行车路线等，都可以有一个清晰流畅的顺序。日久天长，这些外在的顺序会渗透到人的内心，使整个人的精气神都变得明快清朗。

活下去的任何一个简单理由，都比活不下去的任何一个理由重要

星期五下午，是德国埃森大学心理治疗医院例行的业务学习时间。院长请了两位心脏移植专家来举行讲座。心理和心脏虽然都有一个“心”字，但是此心非彼心，前者指的是大脑的功能，后者指的是把血液泵到身体各个部分的脏器，两者风马牛不相及。这次讲座却将两者连到了一起，因为在心理科住院的一个病人做过心脏移植手术，心理医生们想了解一下心脏移植的过程，以判断该过程可能对病人的心理造成了何种影响。

心脏移植专家用高科技设施，以文字、图片、动画和实况录像的形式，把心脏移植的过程描述得生动而详细。我虽然是学医的，手术血淋淋的场面却只在十多年前的大学见过，在看到投影屏幕上的一片血红时，仍然有惊心动魄的感觉。不过这

还不是最让我感到震撼的。最让我感到震撼的是，一个要换心脏的人要活下去的强烈愿望，以及器官移植医生要他人活下去的强烈愿望。

据专家说，在做了心脏移植的病人中，有百分之二十的病人会在三个月内死亡，百分之七十的病人会生存五年，另外百分之十的病人会生存五年以上，目前最长的生存时间已经接近二十年。那些度过了移植早期的危险期的病人，生活的质量比移植之前也有明显提高。生活质量提高，说白了就是活得更放心、更自由一些。想想看，在做移植手术之前，拖着一个病弱的心脏，走路都不能走快了，遇到高兴的事还不能太高兴，想吃的东西也不能随便吃，想做的事也不能随便做，那是怎样的一种生活？如果生命受到如此巨大的限制，那跟死了又有什么太大的差别？

极端的例子我们不说，我们来说说中间的。五年算起来，大约是两千天。这算长吗？从技术角度来说，这已经是非常了不起的了。不知道有多少病人付出了生命的代价，有多少医生耗尽了毕生的精力才达到这样的成就。五年，五个春夏秋冬，近两千次日出日落；如果我们还有什么心愿未了，只要那些心愿不是太大、太繁复，用这些时间来办也该是很从容的。但是，对那些年龄只有三四十岁，身体的其他脏器如大脑、肺脏、肝脏还很健康的人来说，五年还是太短了。心脏虽然重要，但它不是生命的全部。它出了问题，并不意味着我们要放弃整个肉体的生命。实际上岂止是肉体的生命而已，我们的精神生命总是需要一个载体，载体的消失，当然同时伴随着精神生命的消失。

对于器官移植专家来说，五年也太短了。他们眼里可能只有一个目标，就是患者活的时间越长越好。长到造物主设计的那个长度，然后在享受过一个人应该享受的欢乐，经历过一个人必须经历的痛苦之后，没有太多遗憾地向这个世界挥手告别。永生是不可能的，也没有必要。但生命也不能太短，至少不能短到某一个脏器坏了，整个生命都要跟着消失的程度。

一些人经历了不幸，如车祸，现代医学已经无法挽回他们的生命。器官移植专家根据他们生前的愿望，把他们的心脏取下来，用来换掉另一些人的不健康的心脏，使这些人能够更好地活下去。实际上，通过这种方式，活下去的不仅仅是接受了器官移植的人，那些捐献了心脏的人，至少他们生命很重要的一部分，还在另一个人的体内活着。当这样一个生命出现在你面前，而且向你微笑时，你心里会出现什么样的情感——惊奇、钦佩，还是感动？

换一颗心脏，说起来简单，做起来却不知道要下多大的决心。我自己的经验是，牙医建议我拔掉一颗坏了的牙，我犹豫了一年多。不知道如果我的心脏出了问题，心外科医生建议换一颗心脏，我要犹豫多久。但是，不管这样的决定如何难以做出，这个世界上还是有成千上万的人做了。心脏移植向我们展示的，不仅仅是现代医学的发达，还有坚强的人们对生活的热爱和对生命的尊重。

无论如何，活下去是最重要的。活下去的任何一个简单的理由，或许都比活不下去的任何一个理由重要。比如心脏坏了是一个活不下去的最大的理由，但哪怕仅仅是为了多看几次春暖花开，我们也该努力去寻找生机。

活下去，尽一切所能。

在复杂的情况下，直觉往往是我们的北极星和指南针

同学们，我是你们化学实验课的老师。今天上第一堂实验课。我把你们请到这个城市最大的餐厅的厨房，是想让你们洗洗碗。

大家已经看到了周围堆积如山的碗和盘子，它们在等着你们去洗刷。我猜测，你们中的大多数人可能都没有洗过碗。这实在是一件遗憾的事。你们都是学化学的，心里一定有做一个伟大化学家的梦想。做化学家就需要做实验，做实验就需要干净的试管和其他器皿。你们也许会说，清洗试管是低级的实验助理员的事情，我为什么要去做？请听好了，我不是叫你们将来一定要亲自去洗试管，而是要告诉你们，要做好一件大事情，就必须完全了解和控制这件事情的全部过程，对化学实验

而言，就是要了解洗试管这样的低级过程。

我还要告诉你们，一件事情进展过程的每一阶段都是充满乐趣的，不管是高级阶段还是低级阶段。以洗碗为例，先在洗碗池里放上水，水的温度不能太高，也不能太低。太高手受不了，太低去油的效果又不好。为了使水温保持相对恒定，你最好是将热水管龙头开一点点，使热水不断地、少量地流入洗碗池中。“问水哪得温如许，只因龙头热水来。”这里面是不是还有一点禅机？

然后再倒入洗洁精。这就跟化学有关了。肥皂、洗洁精等日用品，是我们学化学的人对人类最大的贡献之一。加多少洗洁精呢？千万别用量杯，也千万不要觉得越多越好。请用你们的直觉。我对你们的又一忠告是：对数量的直觉敏感，是我们最有用、最富有创造性的能力，可别让它们被计量工具扼杀了。谁在中国人的厨房里见过量杯和天平呢？高明的厨师是不会用那些东西的。我非常相信，用量杯和天平来加作料，会使做出来的菜少很多灵气和回味。尤其是在复杂的情况下，直觉往往是我们的北极星和指南针。

最后，就该享受洗碗的过程了。找一块好的洗碗布，最好是稍微大一点的。左手拿碗或者盘子，将它浸入水中，右手拿洗碗布，依次擦洗内壁、外壁和底部，然后将它放在左手边，再洗另一个。全部洗完之后，将池中的水放掉，用温热水一个一个冲洗，分门别类地一个一个摞起来。我保证，看着一堆乱七八糟摆放着的脏碗在你的手下变成挺立着的干净的一摞碗时，你高兴的程度绝不亚于做了一次成功的化学实验。

同学们，请记住，此时此刻，在另外的地方，在另外一些人的心里，洗碗可是一件琐碎的，甚至屈辱的事情。很多夫妻，也许正在为谁洗碗争吵不休。而我们，却在这里把洗碗当成了第一堂化学实验课。我们从中能学到的，不仅是怎样工作，还包括怎样生活。

我想我不能再啰唆了。我看有人已经挽起了衣袖，有些迫不及待了。我最后要说的是，如果你们能从洗碗中找到生活乐趣的话，你就不会觉得化学实验枯燥无味了，你这一辈子也就会在愉快中度过。

过强的竞争动力和上进心让你生病

赵先生是一家私人企业的老板，年仅三十八岁，事业上已经取得了相当大的成就。最近几个月，他经常觉得身体不适，心慌、气短、头痛、头晕、精力不济等。他是一个性格坚强的人，只要能熬得住，他就不会去看医生。后来实在熬不住了，便去医院做检查，发现血压升高，心脏也出了问题。医生给他做了相应的内科处理以后，还建议他去看心理医生。这一次他不敢再马虎，直接去了心理医院。

在心理医院里，心理医生给他做了心理测量，发现他是典型的 A 型性格。这类性格的人的特点是：有过高的竞争动力和上进心，强烈的时间紧迫感，缺乏忍耐性，言语、动作非常快速，常常同时做几件事情，对工作极其负责，等等。

心理医生告诉赵先生，A 型性格的人很容易患冠心病。如果再加上一些外部原因，如烟酒过多、工作压力太大、生活没有规律等，患冠心病的可能性会更大。在国外，有很多身居要职的人，年龄四十岁上下，正值人生和事业的黄金时期，由于这些性格和外部的因素，容易病倒在实现更高理想的途中。真是出师未捷身先“病”，长使英雄泪满襟。由于这种情况经常发生在年轻有为的经理们身上，所以有些专家称之为“经理综合征”。

患了“经理综合征”，最重要的是寻求专业人士的帮助。相应躯体上的对症处理是必需的，如服用一些降压和改善微循环的药物等。但从长远看，去看看心理医生则显得更加重要。因为心理医生可以帮助经理们解决导致疾病的内在原因，使疾病不再恶化，同时也可以缓解已经出现的很多症状。据权威部门统计，看心理医生的冠心病患者在十年内的死亡率比不看心理医生的患者低百分之二十。心理治疗的重要性由此可见一斑。

针对赵先生的情况，心理医生做了两方面的处理。一是制订了一个为期一年的心理治疗计划，一周治疗一次，共五十次，以便让赵先生更清楚地认识自己，了解自己的情绪状况、看问题的方法和行为方式。二是跟赵先生一起根据他的公司实际情况，制定个人的工作时间表和工作原则，具体包括：尽可能按时上下班，在下班时间不工作；尽可能多地跟家人和非业务上的朋友在一起，减少不必要的应酬；将许多以前自己亲自做的事情交给下属办，自己只管大事；培养一两项业余爱好；

等等。

在一年的心理治疗结束时，赵先生对他的心理医生说，他现在身体状况好多了，心情愉快，精力充沛。以前总认为公司的事只有自己亲自干才干得好，一天到晚穷忙乎。这一年下放了许多权限，公司的事情办得更好了，职工的积极性也提高了，真是两全其美。

充分了解性格，命运就可以是另外一个样子

性格决定命运。那么性格又是由什么决定的呢？现代的心理学理论认为，一个人的性格，是由他童年时期的家庭关系决定的。或者说，是父母对孩子的方式和态度，造就了孩子的性格。这一性格具有很大的稳定性，会对孩子的一生造成不可估量的影响。

命运说起来多少有一点神秘主义的色彩。它好像是造物主算计人类的一个诡计：你一生是什么样子，早就被计划好了，不管你做出多大努力，都改变不了这个计划。从这个角度来看一个人的奋斗，就显得十分可笑甚至可悲。

但是，就像性格不是不可以改变的一样，一个人的命运也是可以改变的。仔细思考命运，会发现它并非那么神秘。如果我们充分地了解自己的性格，那我们的命运也可以是另一个样

子。这里讲一个真实的故事，看看一位被童年经历或者命运限定的女孩是怎样在心理医生的帮助下改变自己的性格和命运的。

阿晶，一个二十二岁的漂亮女孩，正在读大学三年级。在旁人看来，阿晶的三年大学生活过得平平静静，每天都重复着从宿舍到教室再到食堂的三点一线的生活，没有新意，也没什么波折。但阿晶的内心却远没有表面看上去那么平静。她有很多的苦恼，其中绝大部分苦恼来自人际关系。

也没有什么大的人际冲突，好多年来，阿晶甚至没有跟人红过一次脸，更不用说吵架了。准确地说，阿晶人际关系的问题，恰恰就在于她几乎没有人际关系。例如，她住的宿舍里共有六位女生。开始的时候大家相互都不认识，都是奉行“等距离外交”的政策，时间不长，另外五个女生就扎成了堆，她却成了孤家寡人，就像是被筛子筛出去了一样。经常的情景是，那五个女生一起出去上自习、逛街、看电影，她就一个人在宿舍里。她们也不是有意拒绝她，而是忘记了她、忽略了她，她成了寝室里可有可无的人，有也不嫌多，没有也不嫌少。

曾经有一个男同学追求阿晶。阿晶心里是很高兴的，但表现出来的样子却是无动于衷的，这样内外的反差，让别人难受，让她自己更难受。更难受的是她自己根本没有能力改变自己这种待人接物的方式。那个男生后来对自己的哥们儿说：“我把网上能够查到的追女孩的技巧都用了，结果我的感觉是：我一个人在舞台的聚光灯下表演，她却在台下的黑暗里不动声色地看着，就像我在自娱自乐一样。”在男孩失望而去之后，这话传到了阿晶那里，然后她真的在校园树林的黑暗中待了一晚上，不过再也没有一个男孩自娱自乐的表演可看了，而是她一个人暗自流泪。

日子就这样一天天过去。到大三的上学期，她连这样的日子似乎也过不下去了。越来越严重的身体不适让阿晶觉得简直生不如死；全身没有一处是舒服的，特别是经常性的彻夜失眠，把她折磨得形销骨立。同学们和辅导员看她越来越没精神，就问她怎么啦，她总是故作轻松地回答说没什么，别人也就不好问得太多了。

既然是生不如死，那就要找一个好点的死法……就在这个时候，校心理咨询中心的韦老师针对大学生做了一次心理健康方面的演讲，这次演讲至少临时中断了她结束自己生命的计划，她心里想的是，心理咨询老师或许知道更好的死法。

韦老师三十出头，已经在学校心理咨询领域工作了近十年，有很好的专业训练背景。大学的心理咨询老师不实行坐班制，所以她只有在有学生预约时才到中心上班。第一次跟阿晶谈话之后，韦老师判断这个女孩处在严重的心理危机之中。于是和阿晶约定，每周见面谈一次，而且让阿晶保证，在整个咨询期间绝不做任何有意伤害自己的事情。阿晶答应了。

在后来的四次咨询中，阿晶谈到了她的童年经历。

阿晶的爸爸是一家工厂的技术员，妈妈是机关干部。两人从小学一年级就是同班同学，一直到高中毕业，上山下乡又在某边远县的同一个公社。“文革”结束后恢复高考，两人又考到了同一所大学，只是专业不同而已。阿晶说，她爸爸妈妈那样好的夫妻关系，即使在小说和电影里都看不到。阿晶不到一岁，就经常被送到外公外婆家寄养，每周被父母接回自己的家两三次。这样的情况一直持续到阿晶上小学。所以在七岁之前，阿晶对谁是自己的父母有一些混淆，她觉得外公外婆家才是自己的家，父母家是别人的家，有时候她还不太愿意跟父母回家。

上学以后，学习任务越来越重，学校布置的家庭作业也越来越多。阿晶是一个能够自觉学习的孩子，根本不用父母督促，一个人坐在那里就可以把作业认真地做完。做完了作业，也就到了该睡觉的时候了。所以在晚上，家里日复一日上演的场景是，父母忙家务、看电视、交谈，女儿做作业或者睡觉。阿晶回忆说：“爸妈的关系真的很好，好得像是一个人，容不得任何人进入他们之间，包括他们的女儿。看到他们那么亲密、默契的样子，我的感觉是，我就像是他们之间的第三者，这个家没有我一样很完整，或者说会更加完整；对于他们，我像是空气一样的存在；对于我，他们也像是空气。夸张地说，我只要不杀人放火或者拆房子，他们就不会注意到我。”

韦老师在听阿晶说话的时候注意到，阿晶把父母反复地称为“他们”，显得在“他们”和“她”自己之间有一个巨大的隔离带。而且，韦老师的另一个更为强烈的感觉是，在自己和阿晶之间也有一个隔离带：阿晶就那样一字一句地说着，仿佛对着墙壁说话，好像她的咨询老师是“像空气一样的存在”。

戏剧性的事件发生在第五次咨询。预约的时间是星期二上午 9 点，但是，就在前一天，另一所大学的心理咨询同行打电话来，要韦老师去他们学校做一次临时安排的演讲，时间也是星期二上午。韦老师全然忘了跟阿晶的预约，就答应了。第二天的演讲结束后，她才想起来跟阿晶的预约，但已经太晚了。当天下午，怀着极大的内疚，她打电话到阿晶宿舍表示歉意，并提出再约一个时间，阿晶的反应很平淡，说约就约吧。于是下一次的咨询就定在了两天之后的下午。

更不可思议的是，到了那天下午，韦老师又一次忘记了跟阿晶的预约时间。直到在家里吃晚饭吃到一半的时候，她才突然记起这件事情来。她想自己以前从来没有犯过这样的错误，而这回竟然在一个人身上犯两次同样的错误，肯定有什么东西在起作用，但她却不知道。这饭是没法吃下去了，放下筷子，去用冷水洗了洗脸，稍稍稳定了一下情绪，就去打电话。这次电话不是打给阿晶的，而是打给自己的指导老师孙医生的。孙医生是一位私人开业的心理治疗师，具有很丰富的临床经验。韦老师在咨询中遇到什么问题，就会去找他。韦老师跟孙医生约了一个见面时间。

见面之后，韦老师向孙医生介绍了阿晶的情况，在讲到自己两次忘记咨询的时间时，她哭了。孙医生没有安慰她，他知道，对于韦老师这样一位有责任心的咨询师来说，连续两次犯这样的“低级错误”，她绝不会轻易就原谅自己。她暂时需要眼泪，需要用眼泪冲洗心里的内疚感。

当然，仅仅有眼泪是不够的。这样“专业”的错误，必须放在专业的背景上来看。在韦老师停止哭泣之后，孙医生试图把这两次错误跟阿晶的情况联系起来。也就是说，是阿晶什么样的特质那么容易地使咨询师遗忘她？孙医生问韦老师：“你对阿晶总的感觉是什么？”

韦老师听到提问，没有马上回答。孙医生也就等着，一句话也不说，他知道，调动韦老师的感受，比讲多少心理学的理论都重要。过了一会儿，韦老师断断续续、自言自语地说：“无声、无息、无色、无味、无影、无形……好像是隐形人。”

韦老师这梦呓般的话，在孙医生听来却像仙乐一样。她是孙医生最喜欢的女弟子之一，原因并不在于她读了多少书，发表了多少文章，而在于她有着很好的感受力和独特的表达感受的能力。她总是能够用自己的语言把别人也许感觉到了但却无法表达的东西精确而形象地表达出来。这可是做心理咨询这一行难得的天赋。有很多行内人，也做了很长时间的咨询工作，理论一套一套的，感受却少得很。

生怕打断了韦老师的感受，孙医生小心地问道：“你对她的这样的感觉，跟你忘记她的预约时间有联系吗？”韦老师如梦里惊醒一般，反问孙医生或者说反问自己：“你是说，是她让我忘记了她的预约，甚至她的存在？”

孙医生回答说：“对，我觉得是这样的。我们看看她的童年经历。别人的心理出问题，往往是因为父母关系不好，老吵架什么的。而阿晶的心理问题，却是因为她父母的关系太好，好得让她都成了‘外人’。阿晶从小就是被忽略的，她习惯了被忽略，所以她就会在以后的生活中、人际关系中，教会别人忽略她、遗忘她。要别人忽略和忘记自己，最好的办法就是让别人感觉不到自己的存在，让自己无声、无息、无色、无味、无影、无形。或者说，她的命运就是被他人遗忘和遗忘他人。”

韦老师听得目瞪口呆。把自己犯错的原因归结为别人“教会”，她多少有些不舒服，她不是一个喜欢推卸责任的人，但是，她强烈地觉得孙医生说的有道理。

孙医生接着说：“我们打个比方，十个人在一个圆桌上吃饭，两个小时吃下来，各自回家。说不定对于参加这次聚餐的某一个人，你可能在一年之后还想得起来，还想得起他的笑容、他说过的话，甚至他衬衣的颜色。当然，如果你十年后还记得他，那说明你爱上他了，嘿嘿，开玩笑，别不好意思，每个人心里都有几个这样的记忆的。如果这样一个人打电话跟你约会，你忘记赴约的可能性等于负数，因为你的心也许提前好几个小时就已经赴约了。发生这样的情况，我们从专业角度就可以认为，这个人在性格上有一种能力或者一种‘程序’，就是‘教会’别人记住他。被别人记住就是他的性格带给他的好运，这样的人会有一种什么样的人生就不用说了。”

韦老师听着有些走神，也许是被孙医生关于性格与命运的说法所震惊，也许是真的想到了十年以前某一个印象深刻的人。孙医生装作没看到，继续说：“而另一个人，那天他同样也参加了聚餐，说不定在两小时的吃饭过程中，你甚至都没有认真地看过他一眼；在你以后几十年的生活中，你也从来都不会哪怕是一闪念地想到他——你曾经跟这样一个人同桌吃饭。发生这种情况，我们就可以认为，这个人的性格上也有一种能力或者‘程序’——当然是坏的能力和‘程序’——就是‘教会’别人忽略他、忘记他。你感受和表达得太准确了，这样的人，真的会无声、无息、无色、无味、无影、无形，像静止的空气一样，明明在那里，却让你感觉不到他的存在。”

孙医生喝了一口茶，接着说：“你的两次错误，也许是好事情。这证明你是一个能够很好地感受别人传达的信息的人。一个过分以自我为中心、机械、不太受别人影响的人，就不太可能跟阿晶‘配合’得这么好，也不会这么容易地被教会，这就会失去通过自己的错误深刻理解别人内心世界的机会。而且，你犯的错误也不算太大对不对？”

韦老师感激地看了孙医生一眼。这种感激不是针对最后一句安慰的话的，而是通过孙医生的分析，她知道自己该怎么做了。

后来，韦老师又主动联系上了阿晶，道了歉，继续咨询。韦老师给自己定的对阿晶的咨询原则是不要忽略她、不要忘记她，要重视她、记住她。具体的办法就是：把每周见面的次数从一次增加到四次；在咨询的过程中尽可能认真地听阿晶说话；在手机上设置闹钟，在阿晶咨询前一小时响；长假期间也保持一周两次的电话联系；等等。总之，要让阿晶从骨子里感觉到，这个世界上有一个人重视她、记得她，她也有一个人可以记住和想念。

这是针对性格的战争，也是改变命运的战争。没有硝烟弥漫但也惊心动魄。童年时期的家庭关系对一个人的影响就像是在一张白纸上描画的底色一样，要修改真是谈何容易。好在阿晶、韦老师和孙医生都做得很好，至少阿晶变得快乐了，身体不适也慢慢消失了，也开始有一些人际交往了。在最后一次咨询中，阿晶告诉韦老师，她暗恋上了一个男孩。韦老师静静地听阿晶说着，心里想：一个人心里能够装着另一个人和已经装了另一个人，那以后的路就要好走多了。她没有说一句祝福的话，因为自从在孙医生那里明白命运的奥秘之后，她就一直在用自己的一切祝福阿晶。分别的时候韦老师拥抱了阿晶，这让她感觉到了阿晶双臂的力量。

在成长过程中受到过多指责或被别人过多支着儿的人，容易过分在乎别人的看法

人生如棋。棋盘上的胜与负、荣与辱、喜与悲，的确是人生或亮或暗色彩的折射。

假如我们把目光放到棋盘之外，设想一下，如果有一些人在看棋，情况会怎样。观棋不语的真君子，当然也是有的，但喜欢支着儿的人也不是没有。有一些人，自己不愿下棋，就只想看棋，还喜欢出主意、下评论。

对于下棋的人来说，这是一个比较困难的处境。如果支着儿的人支的是一个一眼就能看得出来的臭着儿，你当然可以不照他的去做，但是，你会有这样可能会得罪他的想法；如果支的是一个好着儿，也会有问题，因为照他的做了，那是你下棋还是他下棋？最后是你赢还是他赢？总之，有多嘴的人在旁边

的时候，你的棋会下得一塌糊涂，结果不管是输是赢，你都会觉得难受。

我们再进一步设想，如果有一个人总是在很多人支着儿的环境中下棋，突然有一天，那些人都不见了，他需要独自一个人面对对手，会怎么样？可能的结果之一是，他走每一步棋之前都犹豫不决，走完每一步棋之后都想：如果别人看到我这样走，会不会说我走错了呢？

我们说，这样的情形是，他把别人装进了自己的心里，把别人当成了自己的一部分，当成了自己行为的评判者，很多的时候，甚至是最高的评判者。

这种情形，就更像是人生了。

人是社会性的动物，每个人都生活在特定的人群中。完全不顾及别人的看法，那也会有问题。但是，对更多的人来说，问题恰恰在于过分地顾及他人的看法。一切他自己的事，小到表情、衣着、购物，大到职业、择友、信念等，他都会不自觉地想：别人会不会批评我或者笑话我？这样的想法如影随形，像一张无形的巨网，把人束缚得难以动弹。

一个在成长的过程中受到过多指责的人，或者说被别人过多地支着儿的人，容易变成一个过分在乎别人看法的人。不过，成长的过程，那已经是过去的事情了。没有人能使时光倒流，没有人能改变过去。我们能够改变的，只有现在和将来。

改变的办法是，把心里的别人认出来，然后把自己和别人分开。棋是自己在下，人生的路是自己在走，别人的话可以听听，但一切与自己有关的事，自己都应该是最高评判者。

在你分开了自己和别人，在你真正成了自己的最高评判者之后，不管有没有看棋的人在那里喋喋不休，对你都没有什么影响。只有这样，你才能真正承受如棋人生的失败、羞辱和悲伤，也才能真正以一个完整的人的身份，享受胜利、荣誉和喜悦。

只有自己担当了一切的棋局，才有意思；只有自己担当了一切的人生，才是真正有价值的人生。

真正的爱是疗愈命运之外创伤的良药

在高倍显微镜下，人类受精卵形成的那一瞬间极其壮观。精子仿佛是一条巨龙，用头部穿破卵子的外壁，造成一个巨大的创口。在精子进入之后，这个创口自动愈合，一个伟大的生命就开始慢慢生长了。

我们无法得知精子给卵子造成的“创伤”会对每一个个体的心理造成什么影响，我们只知道，不管是从事实还是从象征层面上来说，这一过程都显示：生命是从创伤开始的。

大多数人认为生命是从出生开始的，因此他们会在每一年的生日庆祝，而不会去纪念阴阳之精华相遇的那个时间。即使是这样，生命也是从创伤开始的，因为生产对母体和胎儿都是巨大的创伤，子宫壁上的创面、婴儿脐带的创口和母亲殷红的鲜血就是明证。某些心理学派用特殊的方法可以让人回忆起出生时经过狭窄产道的挤压感和恐惧感，这更是纯粹的心理创伤了。

这还仅仅是开始。从子宫温暖、安全的环境中来到这个冷暖不定、灾祸莫测的世界上，创伤简直就是家常便饭。成长的每一步都有创伤伴随。或者说，没有创伤就不会有成长。

生命从创伤开始，也会以创伤结束。在肉体的灰烬上，精神的生命也化为一缕青烟而去，世界又回到了没有这一生命出现过的从前。当然也不完全是这样，这一生命也许并没有真正离去，因为他至少部分地会以创伤的形式永远地留在亲友的心中。

与成长伴随的心理创伤是不可避免的。这是人类的命运，是所有想以生命的形式在这个世界上走上一遭的生物的共同命运。这些创伤本身不一定会制造疾病，我们甚至可以说，经历这些创伤还是形成健康心灵的必要条件。无法想象，完全没有经历创伤的生命会是多么的幼稚、软弱和变态。

但还有一些创伤却是应该被消除和避免的，因为那些创伤会制造疾病。比如人格上不成熟的父母无意中对孩子的伤害，这样的伤害会在家族的传承中制造一代又一代的不幸；还比如不恰当的社会规则对个体的伤害，这样的伤害直接制造了集体的悲剧。生命本身注定的创伤倒也罢了，命运之外的创伤竟然可以更加无情和惨烈，直教人生不如死甚至不如不生。

能够减少和修复人类命运之外创伤的良方有很多，其中最重要的一种就是知识——关于创伤的知识，或者说关于在创伤中成长的知识，或者说关于减少创伤不良后果的知识。当然，说到底，是关于爱的知识。因为真正的爱不仅不会制造创伤，还是疗伤的妙药。爱的知识能教会我们如何去爱。

自尊意味着对自己的愿望的尊重

关于自尊

多年前读茨威格的小说《一个陌生女人的来信》，很是羡慕男作家的艳遇；二十年后在电影院里看中国版的同名电影，心态大变。艳遇还是那个艳遇，羡慕却不再是一样的羡慕了。现在羡慕的，是女主人公独立的、充满自尊的人格。

那样长久地、痴迷地爱着一个男人，甚至可以说把自己的一生都搭进去了。表面上看起来，这是人格上不独立的表现，实际上这个女孩有着真正独立的人格。她就那样任由自己爱着，她的爱不受男人花心的影响，不受其他女人的影响，也不受另外一个她不爱的男人的影响，更加不受世俗的条条框框的影响。

我们可以对比着想想另外一种类型的女人的爱可能是什么

样子：男人的花心可能会使她愤怒，因为她会认为这是对她的忽略与贬低；其他的女人会被她看成竞争对手；另外一个男人的关注会使她脆弱的自尊得到暂时的安慰；她还会时时顾及自己的言行会使别人怎么看自己；等等。所有这些，都是人格上不独立的表现，因为这样的女人总生活在他人和环境的影响和牵制之中。

在舞会上，男作家三言两语就让“陌生女人”跟自己回家了。女人的画外音说：我不管什么自尊不自尊了。但她这样做却是最大的自尊。自尊意味着对自己的愿望的尊重。还有什么愿望比爱和被爱的愿望更重要、更强烈呢？她爱那个男人，在那个男人召唤时她如果不去，那就完全不是自尊了，说好听一点那是“尊重他人的意愿”，说不好听一点是“向他人或者世俗规则行贿”。

影片中有一个细节。一夜欢愉之后，男作家偷偷地将一些钱放到了“陌生女人”的手包里。这个行为无意间将爱他的女人变成了妓女，同时也将自己变成了嫖客。女主人公没有像很多人可能预期的那样，当着男作家的面愤怒地撕碎那些钱，以表明自己不是为了钱，而是为了爱才那样做的。她拿着足以让她蒙羞的钱离开了那个不太自尊的男人，在路上遇到了男人的男仆，就把钱给了他，而没有让那个男人看到。这是何等的自尊啊：我知道自己不是妓女就可以了，你知不知道与我有什么关系呢？跟那些总是想向别人证明自己的清白的人相比，这个女人简直有着女王般的高贵和尊严。

还有一个细节。背景是乡下的湖和湖边的草丛，女人的画外音说：我怀上了你的孩子，我不想用孩子来要挟你，我要让你觉得我和你的其他女人都不一样。这也是自尊，自尊得不屑于跟凡夫俗子为伍。

男作家的艳遇，的确有让人羡慕的地方：被一个甚至多个女人那样地爱着，肯定是非常幸福的事。但往深处想，至少对“陌生女人”来说，男作家在某种意义上不过是一个道具而已。当然，女主人公并不是有意这样做的。而且，在多大程度上是道具，完全取决于男作家本人。他越是认真地回应女人的爱，他就越不会是道具，他的爱会使他自己变成一个完整的人而不是物；但如果他只是抱着“玩一玩”的态度，那自己成为玩物的命运就不可改变了。别人像一个真正的人那样爱着，你却在那里像木偶一样游戏，谁比谁更高明、谁比谁更有尊严呢？在电影院观众的无数双慧眼里，谁真正像一个人一样活着或者死去，谁活着就像死了、死了就好像从来就没有活过，是一件再清楚不过的事情。也许不谙世事的少年会羡慕那个男作家，但稍有阅历的人看他，会觉得他除了可怜还是可怜。

每个男人都会梦想自己能够遇到这样一个把爱看得高于一切的奇女子。但在进入她爱的疆域之前，你可要想好了，你必须具有与她对等的爱的能力；如果你没有，那就别进去，因为那里面的魔镜可以照出你人格里所有的平庸、鄙俗和肮脏。

爱情的不同走向

电影一开始，少女时期的“陌生女人”就被置于邻居夫妇吵架的背景之中。男人的怒吼、女人的惨叫，把即将春情萌动的少女的心衬托得越发单纯与柔弱。我们有理由相信，那对吵架的夫妇之间也一定有过美好的爱情，男欢女爱的场景还残留在他们记忆的某一个角落，但是，岁月和现实使他们释放了各自心中的恶，欢爱不再，取而代之的是彼此狰狞的面目。

电影的画面没有直接呈现这对夫妇是什么形象，以及他们的家是什么样子。但可以想象，那男人绝不会有绅士的大度优雅，女人也不会像淑女一样温柔体贴。两个内心充满仇恨的人也无暇或者无意把他们的家弄得舒适整洁，因为只有心中有爱的人才会使他们所处的外界环境变得温暖有序。

女孩和姜文扮演的记者的故事正式开始之后，有很多画面直接展示他们在一起的背景：雪白的床单、洁净的睡衣和早餐时令人心醉的温馨的氛围。这是爱所建造的一个与世隔绝的世界，在这个世界里，万事万物都由爱主宰，所以万事万物都美好而圣洁。

但是，这同时也是一个易碎的世界。外界事物的入侵很快就可以使这个世界灰飞烟灭。比如，如果女孩开始嫉妒记者另外的女人，那就相当于把别的女人拉到了这个世界里，而这个世界是容不得两个女人的；再比如，女孩如果要跟记者“天长地久”，形式上也许没多大问题，但内容上就不大靠得住了——他们的世界很有可能就变成那对吵架夫妇的世界了。

这是一个把爱置于一切之上的女人。爱给了她佛祖一样的智慧：瞬间的美好本身就有着永恒的意义。所以她没有试图使她的爱情获得一个世俗的，却可能很危险的结局。她寄出那封信之后就死了，相信她是带着许多美丽的东西离去的；而那对吵架的夫妇却要陪伴丑恶活下去。

情感表达的分寸

在艺术领域，语言、文字、图画、声音等，都是用来表达情感的。情感表达的分寸感，是区分高明的和低俗的艺术家的重要标志。

很长时间以来，我都不喜欢看某几位有世界声誉的导演的作品，主要是因为他们在表达情感上缺乏分寸：少数情况下是表达不够，多数情况下是表达过火。表达不够会让人憋得慌，而表达过火则更糟糕，会让人像吃了馊了的饭菜般难受。这些导演的才气还远不足以把情感的表达控制在有韵味的范围之内。

徐静蕾的这部电影，却把情感表达得极有分寸。有激情四溢的酣畅，也有点到为止的节制。比如女孩半夜敲男作家的门的那一段。敲了几次后，门没有开，女孩就坐在门前的石墙旁。过了一会儿，男作家搂着一个妖艳的女子出来，一边走一边打情骂俏。镜头从女孩的右侧后切入，逐渐变成一个侧面的特写镜头；然后女孩转过脸来，充满泪水的眼睛看了男作家和那个女人一两秒钟，眼中有无尽的爱恋与哀伤；然后她又转过头去，画面戛然而止。相信看完这部电影，别的东西你可能会记不住，但女孩的这个眼神你却不太可能忘记，因为你已经知道了这样的眼神里有什么，但却不是全部知道。徐静蕾没有给你时间让你看到全部，好奇心会使你牵挂，所以你无法遗忘；或者说，打动你的恰恰是那些你还没弄明白的东西。

不管是这部电影还是那篇小说原著，都是在表达一封信里书写的故事。这是一封用生命书写的信件，里面有惊涛骇浪般的爱，但行文上却极尽平淡从容。一切高贵而强烈的情感本来就应该这样表达，就像我认为最珍贵的海鲜最适合清蒸一样。表达上的恶俗会反过来败坏情感的品质。再回想一下影片开始时的夫妻吵架，愤怒本身并非让人厌恶，适度表达愤怒一样可以具有美感，但那对夫妻对愤怒的肆意表达，只能让人烦躁和恶心。

每个人都可以把自己和自己的一生变成艺术品。要使你的艺术品变成赏心悦目的杰作，你需要使你的情感变得丰富多彩，而更为重要的是，你需要用你的全部智慧和耐心去驾驭和表达它们，就像徐静蕾驾驭她的镜头和配音一样。

学不好外语，是不愿意学好，不想跟更多的人更好地交流

关于外语的重要性，有一则幽默的寓言是这样说的：几只小老鼠外出觅食，碰到了一只猫，猫把它们赶回洞里，而且守在洞口不走。鼠妈妈知道了这件事，便走近洞口，学了几声狗叫，立即把猫吓得落荒而逃。最后鼠妈妈对小老鼠们语重心长地说："你们看到了吧，懂一门外语是多么重要啊！"相信小老鼠们有了如此深刻的教训，一定会下功夫把狗的语言学到六级甚至八级的程度。

可以说所有的动物都有自己的语言。在某种意义上，上面讲的鼠学狗语的故事不仅仅只是玩笑而已。相对于其他动物而言，人类的语言当然要复杂得多。《圣经》说，人类之所以有多种不同的语言，是因为上帝害怕人类团结得太紧密，以至于

有力量做出冒犯上帝的事情来。所以上帝使人类各操方言，以限制他们之间的交流。我们大可不必管这样的说法是否真实，但是，语言是交流的工具，掌握多种语言的人可以更好地与人交流，这一点大约没有人会提出疑问。深层心理学认为，如果没有明显的智力上的问题，学习某一项技能有困难，可能是潜意识里不愿意学好的表现，不愿意学好又是因为想逃避由这一技能所导致的人与人之间的关系的改变。从学外语这一个例子来说，学不好是因为不愿意学好，不愿意学好是因为不想跟更多的人更好地交流，不愿意交流是性格封闭的人的显著特点。当然，并不是所有外语不好的人在表面上给人的感觉都是封闭的，但是如果他找心理医生谈一谈，在医生的帮助之下，他自己最后可能会惊讶地发现，原来在他开放的外表之下，隐藏着一颗封闭的和孤独的心。正是这一颗孤独的心在回避着很好地掌握一门外语可能面对的全新的交流体验。

我们都有这样的印象，那些性格外向的人，在“说”外语上比性格内向的人进步要大一些，这就是因为外向的人心理要开放一些。20 世纪 80 年代初，来中国的外国人还很少，我的一位性格很外向的同学，为了练习英语口语，专门在公园、街上找外国人说话。据他自己说，进步非常快。先是克服了跟陌生人交流的心理障碍，然后是把说外语有点不好意思的感觉抛在了脑后，最后注意力就全部集中到如何把音发准、把单词的顺序摆对上面。所以我们可以说，学好外语的第一步，应该是克服心理上的障碍。

我的一位朋友，一位女性心理治疗师，她在专业上非常优秀，但英语不太好。所以每次在外国专家那里做个人督导时，都要找一个翻译，这当然不是一件令人愉快的事。所谓做个人督导，就是心理治疗师自己作为“病人”，在另一位治疗师那里接受“治疗”。这是每一个心理治疗师都必须接受的专业训练的一部分。在这位朋友的个人督导中，翻译是一个巨大的问题，要翻译意味着她的外语不好，学不好或者不愿意学可能是某种心理问题造成的，所以督导需要借助翻译本身就是一个可以大谈特谈的内容，或者说是获得好的督导效果的一个突破口。

在很多次的督导之后，她的老师就她学外语的障碍给出了一个解释：“你的父亲是知名的中文教授，你没有花足够多的时间学外语，或者说你花了很多的时间但却没有学好，是不是因为你下意识地认为，把外语学得太好是对你父亲的攻击？”经过若干次讨论之后，她慢慢地接受了这一解释。再后来，她的外语水平以前所未有的速度提高。

对于不是从事心理治疗专业的人来说，这样的解释肯定会显得有一些荒谬。也许另外一个例子可以帮助我们理解。一位在县城长大的咨客对我说，他在武汉市生活了近二十年，却没有学会说武汉话，也不愿意说普通话，不管在哪里都是一口家乡话。我问是什么原因，他自己分析说，肯定不是智力原因，因为他拿工科博士学位也没觉得怎么吃力；他觉得可能是因为，在他们家乡，人们会自觉或者不自觉地认为，一个从县城出去的人如果说省城里的话或者普通话，就是忘本，就是“崇洋媚外”，就是看不起父老乡亲。可能是内心深处比较认同这些看法，所以学习另外一种方言就有了一定的障碍。他在学英语上，读、写甚至听问题都不是太大，但却总是开不了口。

我自己本来是学英语的，却要到德国去留学。去之前学了四个月的德语，几乎跟没学差不多。德语是一种十分难学的语言，有一种说法，说学好英语要三个月，法语要三年，德语要三百年。话虽然夸张了一点，但也确实道出了德语难学的实情。去了德国以后的感觉是，德国人说的简直就不是德语。特别是听与专业有关的讨论，简直一句话都听不懂。一次，在跟一位教授交谈之后，他把我着实地夸奖了一番。他说，他非常佩服我的勇气，德语那么差竟然敢到德国来，夸奖得让我啼笑皆非。也许是为了不再得到这样的“夸奖”，我开始拼命地学，每天学七个小时以上，致使十年没有加深的眼镜的度数，在半年时间内加深了整整一百度。学的效果不太好评价，反正后来给一个到德国访问的市长级别的代表团当了二十几天的德语翻译，过程中没有因为我的翻译影响到中德关系。所以后来很多人问我如何学好一门外语，我都会说：“最笨和最聪明的办法都是把时间堆上去，智力平平如我者都能半年基本过关，更何况像你这样聪明的？”

还有一个与外语学习相关的例子。据报载，全国中小学中，学习效果不好的有 5000 万人。我们当然坚决反对给学习效果不好的学生戴一顶“差生”的帽子，因为这样做不仅不会使他们在学习上进步，而且会对他们的心灵造成永久的伤害。但是，很多学生学习困难却是不争的事实。可以肯定地说，他们中的绝大部分都不是因为智力上的问题导致的学习成绩不好，而是因为非智力方面的因素，比如心理压力过大、人际关系中的冲突、老师不正确的教育方法，等等。这与成年后在外语学习上的困难有极为相似的心理基础。

简单地说，就是你学什么东西学得好不好，关键在于你跟这个东西的关系怎样，或者说你喜不喜欢它。你越是喜欢它，你就可能学得越好。一位足球明星在回答怎样才能踢好足球时是这样说的："抱着足球睡觉。"他表达的是他对足球的喜爱程度。如果一个人跟英语的"关系"好到可以"抱着它睡觉"的程度，想不学好可能都难。

很多人给自己外语不好所找的理由是："我没有语言天赋。"这显然只是一个借口。要把英语学到让英国人和美国人都感到自卑的程度，当然是要有些语言天赋才行。比如北大教授赵元任先生这样的语言天才，他能用一个星期时间学会任何一门中文方言，说得操那一门方言的人把他当成老乡；他从未去过德国法兰克福，但能够把当地的德语方言说得完美无缺，以至于法兰克福人以为他是在那里出生长大的。如此天赋，对一般人而言，当然是可望而不可即的。但是，只是一般地掌握读说听写，比如读读通俗小报，谈谈浅显的哲学问题，听听重要新闻，写写公文、情书，或者考过英语六级，却并不需要什么了不得的天赋。你只要掌握了三千个母语的词汇，你就已经具有掌握三千个外语词汇的“天赋”了；只要你能听能说，流利地说一门外语的“天赋”也早已具备了。

深层心理学还认为，我们掌握语言的情况和我们最深的心理结构是一样的。通过语言掌握情况，我们能够最好地了解一个人到底是一个什么样的人。比如一个在学习外语上有困难的人，除了我们上面提到的，他可能是一个相对封闭的人之外，我们还可以猜测，他可能还是一个有自恋倾向的人。自恋就是爱自己，爱自己的一切，不管它是好还是坏。成语“敝帚自珍”就很好地反映了有自恋倾向的人的心理状态：扫帚虽然破一点，但因为是我自己的，所以我要格外珍惜它。换在学外语上，就可能是：我说的是世界上说的人最多的语言，我没有必要学其他语言；外语不好是我整个人的一部分，学好了就是改变了我自己，而我不愿意改变我自己，因为我是最好的。这些想法我们在大多数情形下不一定能意识到，它们隐藏在我们的内心深处，不动声色，却发挥着巨大的作用。

学习任何一项技能，并且把它学好，其意义绝不仅仅局限于掌握了一项技能而已。这项技能带给我们全新的生活体验，已经导致了我们整个人格的震荡。它既是我们因为改变和超越了自己而产生的有益的结果，也是我们酝酿下一次改变的巨大推动力。我们就这样在成长的道路上行进着，一路上会有很多的艰辛，但却有更多成功的喜悦。

学习外语，是接受那门外语背后的文化背景，同时改变自我意象

S 女士，一位中文讲得很好的德国人，曾经在我们中德心理医院工作过两年。跟她说话，我们很愿意说中文，因为这样对我们来说较省力，能够把事情说得较清楚。久而久之，她在我们心中的印象，几乎就跟中国人无异。有时候，她的一些德国“老乡”到我们医院参观，看到她跟“老乡们”说德语，我们对她的感觉就有一些怪异：首先是她的面部看起来好像有一些变化，似乎不再是那个我们熟悉的说中文的 S 女士，这或许与说中文和说德语所动用的面部肌肉不一样有关；其次是对整个人的感觉，似乎在说德语的时候，S 女士完全变成了另外一个人，性格好像都发生改变了。

后一种改变，也许更有意义。我们使用某种语言，同时也

会有意或无意地接受该语言所处的文化、习俗、观念、情感表达方式与我们的不同。比如说，我们用英文写信，对一般关系的异性同事或朋友，都可以写“Dear 某某”，但是，如果针对同样的对象，都用中文写“亲爱的某某”，估计会让读信的人不舒服，因为中文的文化背景不习惯于这样的表达。所以说，使用一门外语，实际上会拓展一个人在文化认同上的广度与纵深。但是，这种拓展并不是每个人都适应的，一个在适应不同文化方面表现笨拙的人，可能会由于新的语言背后的陌生的文化背景而拒绝将该门语言学好。

还有另外一个例子可以证明这一点。一位在大学工作的中国女孩，在跟中国男性打交道时比较拘谨和保守，很少跟他们套近乎、开玩笑。但是，她在跟大学里的异国男性交往时，则显得较开放、较活跃。需要交代的是，她并不是一个崇洋媚外的人。有一段时间，她还为自己这样的特点感到苦恼，担心自己会被他人认为是卑鄙势利的小人。后来她找心理医生谈了这个问题，心理医生在充分了解她的性格特点之后笑着对她说：“也许你的‘超我’不懂英语。”她是一个悟性很好的女孩，很快就明白了心理医生的意思。心理医生的意思是说，她所接纳的社会规则和道德规范，都是用中文传递的，所以在说英语的时候，那些规则和规范被削弱了。当然，也仅仅是削弱而已，不可能完全被消除，所以她在行为上也不可能走得离说中文的那个“她”太远。

更进一步说，使用一门外语，不仅是接受了那门外语背后的文化背景，同时还改变了自我意象。自我意象是自己对自己的想象和看法。两个同样是从边远小镇考入大城市念大学的孩子，自我意象可以是完全不同的。我们假设，其中一个孩子僵硬地认同了自己的“小地方的人”的身份，不管是在意识层面还是在潜意识层面，都不相信自己会说一口标准的普通话，更别提一口流利的英语了。那么，这样的“不相信”，直接会成为他学习、使用普通话和英语的最大的心理障碍。在这种情形下，学语言就不是记单词、背课文那么简单了，而是涉及深入性格层面的改变和超越了。而另外一个孩子，他如果对自我意象没有那么顽固，认为自己虽然没有在良好的学语言的环境中长大，但仍然可以成为说流利英语的教授或者高级白领，那对他来说，学英语就只涉及技术层面的努力，而不会牵扯到性格特征的改变，可想而知，他要学得好就容易得多了。

自我意象的改变是一件很奇妙的事。在一次心理咨询培训课上，老师让一位平时给人印象很绅士的学员当着大家的面做一件“坏事”。大家等了好长时间，这位“绅士”都没做。最后被逼急了，他冲过去从桌子上拿起一个烟灰缸，用力摔在地上，嘴里还说了一句脏话。大家热烈鼓掌。后来问他的感受，他说，他做那件“坏事”的时候，自己好像变成了另外一个人，感觉上很刺激，也很畅快。他这样做当然会像另一个人，因为他一直按照绅士的标准要求自己，对自己是绅士的印象，而且这种印象也对别人产生了影响，所以别人也认为他是绅士。绅士不会在大庭广众之下发脾气、说脏话，如果他这样做了，那他自己和别人就都不再认为他是绅士了。

说脏话和说外语，如果说它们有相似的地方，那就是一个从来没说过脏话的人如果说脏话，他会觉得不好意思，会觉得自己变成了另外一个人；一个从来没有说过外语的人如果说外语，也会有极其类似的感觉。这样的感觉越强烈，说外语的障碍就越大。所以，对于学外语有困难的人来说，首先需要理清的是“我的自我意象”是怎样的，如果这个意象过于坚固和狭窄，那就要慢慢地改变它。这样的改变，会使你学外语的效率大大提高。当然，这里并不是在提倡通过说脏话、做坏事来增加自我意象的灵活度和范围。

在金庸的武侠小说里，好多顶级高手都是学过正邪两派武功的。比如《神雕侠侣》中的杨过、《笑傲江湖》中的令狐冲等。他们都是好人，金庸让他们学学邪派武功，用意也是拓展他们的自我意象，使他们能够更加知己知彼。想想看，一个只知道正派武功，因为自我意象的狭窄而对邪派武功不屑一顾的所谓“正人君子”，他“知己”的程度就算很深，在“知彼”上的功力也大大值得怀疑，这样的人要成为绝顶高手并百战百胜，恐怕困难重重。学外语也是一样，如果过分仰仗自己母语的魅力，就不能学得很好。

学任何东西，最重要的是心当存高远。高远的心会覆盖人力能及的一切领域，并指引你所向披靡。

当疾病敲开家庭之门：让一个人自己承担发生在自己身上的一切事情的后果，是对这个人的一种尊重

一位著名的家庭治疗师说，每个人生来就具有双重身份，即在健康王国的身份和在疾病王国的身份。尽管我们都喜欢前一个王国的身份，但无论早晚，至少有一段时间，我们都会被迫承认自己在疾病王国的居民身份。话说得很委婉，如果把同样的意思直接地说出来，就是：每个人迟早都是要生病的。

疾病当然首先是生病之人个人的事情。但是，人是社会性的动物，一个人病了，除了对他自己会造成巨大的影响之外，还会不可避免地影响到他的家庭。现在我们就从家庭的角度，以一位肺癌早期患者为例，谈一谈疾病对家庭的影响及应对策略。

专门针对家庭的心理治疗理论认为，一个人生病（主要指可能危及生命或造成残疾的重大疾病）之后，家庭内部会产生几种不同的情感反应。请看下面这个例子：

K 先生五十岁，某国家机关的处长。他的妻子四十八岁，某国有企业的会计。女儿二十五岁，某医院内科医生。K 先生抽烟三十年，平均每天约二十根。三个月前，K 先生出现不同寻常的剧烈咳嗽，妻子和女儿要他去医院检查一下，他不愿意，认为不会有什么大问题。由于长时间未见好转，他最后还是同意去做一下肺部透视。透视显示出小块阴影，再拍片，他被高度怀疑患上了早期肺癌。医生只把这样的结果告诉了 K 先生的妻子和女儿，K 先生对自己的病情一无所知。

背着 K 先生，妻子和女儿抱头痛哭了一场。然后她们认为，也许 K 先生患的不是癌症，而是其他疾病，比如肺结核等。就继续让 K 先生做了进一步的检查，最后确诊为肺癌。在冰冷的化验单面前，她们不得不接受这一事实。

当疾病敲开家庭之门的时候，病人和家属的第一反应就是不相信。这是一种有益的防御机制，可以暂时缓冲打击的力量，为最后接受现实做一点心理准备。但是，否认的时间不可能会很长，当疾病变成无可置疑的现实的时候，接受就是唯一的选择。接受显然是一种更成熟的应对方式，越早接受，越有利于早日采取理性的对付疾病的措施。

接受事实之后，紧跟而来的情绪就是绝望。做医生的女儿知道，不是医生的妻子也知道，肺癌是一种目前无法治愈的疾病，被诊断为肺癌，就等于被判了死刑。夫妻恩恩爱爱地生活了几十年，相敬如宾，相濡以沫，妻子无法想象没有丈夫的日子将怎么过；女儿是在父亲的娇宠下长大的，她很爱父亲，父亲若永久离去，会给她的心灵造成很大的创伤。一时间，妻子和女儿都陷入极度的悲哀之中，整日以泪洗面，茶饭不思，工作效率也大幅下降。

绝望中也孕育着希望。妻子和女儿开始把希望寄托在治疗上。妻子在互联网上或者通过熟人，查找治疗肺癌的偏方和肺癌患者的保健措施，等等。女儿则带着父亲的病历和 X 光片，遍访名医，请教最佳治疗方案。这一切，都是瞒着 K 先生进行的。在 K 先生面前，她们都强装笑脸，好像什么事也没有发生一样。K 先生也是一个豁达之人，从不疑神疑鬼，想着医生和家人没说什么，那就肯定没什么大问题，该做什么还是去做什么。

在很多医院里，大部分医生还在信守一条不成文的规定，叫作“保护性医疗措施”，意思是：威胁生命的、难以治愈的疾病的诊断结果，只告诉病人的家属，而对病人保密。应该说，这样做也有一定的道理。我做实习医生的时候，就听老师讲了这样一个故事：一位教授在门诊接待了一位病人，发现他患了某种癌症，而且已经到了晚期，都没有什么治疗意义了。教授问他有什么亲人没有，病人说没有。于是教授就对他说：“你的病不严重，回去以后，想吃什么就吃什么，想怎么玩就怎么玩。”病人就回去了。八年以后，该教授在门诊又遇到这个病人，他竟然还很健康地活着。教授惊讶地说："记得当时你患了癌症，估计也就只有半年的生命了，怎么现在还活着？"病人回答说："我不知道自己患了那么严重的病，只按你说的想吃就吃，想玩就玩。"但是，遗憾的是，这一次病人回家后，就真的只活了半年。

对K先生来说，医生和家属在开始的时候，也采取了"保护性医疗措施"，有关他的疾病的真相，被掩盖得严严实实。虽然不告诉他真相有一些好处，但同样也有很多坏处。这些坏处包括：某些患者会对自己的疾病胡乱猜测，这跟告诉他真相相比，可能是更严重的心理负担；严重影响家庭成员之间的交流；不利于调动患者本人对抗疾病的积极因素；不利于患者配合必需的治疗；等等。最后，从人道的角度来说，一个成年人，有权利知道与自己有关的一切事情，而不管那些事情对自己有没有利。让一个人自己承担发生在自己身上的一切事情的后果，也是对这个人的一种尊重。

在向一位家庭心理治疗师咨询之后，妻子和女儿接受了治疗师的建议，决定将肺癌的诊断逐步透露给K先生。这对双方都不是一件容易的事。K先生表面上的反应并没有他人想象的那么悲伤，心理上所受到的强大打击被他本人有意地掩盖了。但背对妻女的时候，他流下了眼泪。

在整个家庭中，秘密一旦被揭开，剩下的就是一种针对疾病的同仇敌忾。气氛开始朝好的方向发展，但仍然有很长的路要走。

K 先生在单位请了假，除了去医院接受必要的检查，成天就待在家里，跟外界的联系明显减少了。有朋友、同事来访，也是不着边际地谈一谈就走了。妻子和女儿也回绝了几乎所有的交际活动，一下班就回家，陪着 K 先生。整个家庭变成了一个相对封闭的空间。

于是，她们又去找家庭心理治疗师。得到的建议是，要像往常一样跟外界保持联系。K 先生跟单位商量，每周去单位三次，但可以提前回家，还是算病休。而且，他还参加了一个由癌症患者组织的抗癌协会。由于人格魅力和较高的社会地位，他很快就赢得了其他会员的尊敬。他私下对人说，对协会会员的感情，比对单位同事的感情要真诚一些。也就是说，在对抗疾病的道路上，他找到了更多的来自人际间的支持和温暖。这种状况，比他没生病的时候还要好一些。

疾病的到来，改变了家庭成员之间情感联系的性质。以前，大家都能轻松地、和睦地相处，而现在，每一个人心里都装着一些事。K 先生是家庭精神和经济的支柱，他知道，他的倒下会给其他两个人带来什么。妻子没了伴侣，还没结婚的女儿失去了她生命中最强大的保护者。K 先生的内心充满了内疚感和负罪感。他恨自己不该染上抽烟的恶习，不该把过多的精力投入工作中去，不该在女儿小的时候给她太多的学习压力，等等。

妻子也处于深深的自责中。怪自己对丈夫照顾不周，有时候对他有些求全责备，等等。女儿的自责更甚，想着将来报答父爱的机会都没有了。

这些情感，在一次家庭治疗中得到了宣泄。三个人在知道了彼此对对方的负罪感后，都互相安慰，在宽恕别人的同时，自己也得到了宽恕。

疾病是多重的负担，身体的、心理的和经济的。身体的负担，有医生去管；心理的负担，也可以借助心理治疗师的帮助；而经济的负担，就只有自己承受了。前面已经说到，妻子和女儿都对 K 先生怀有内疚感，她们对抗内疚感的方式之一，就是尽可能在生活上让他过得更好一点。这样做直接的后果就是，支出直线上升。吃、喝、娱乐，再加上一些偏方的治疗，每个月的开支是 K 先生生病之前的三倍多。这无疑是一个巨大的负担，而且会加重 K 先生的内疚。一个例子是，虽然 K 先生认为没有必要经常吃海参、甲鱼等太贵的东西，多吃普通的鱼、肉和禽蛋一样有营养，但妻子和女儿却不同意。

在心理治疗师分析了这种情况，也支持了 K 先生的营养观点后，局面就有了大的改善。随着收支的基本平衡，压在三个人身上的经济负担变得小多了。

最开始的时候，到医院做检查或者找心理治疗师，K 先生都是被妻子和女儿拖着去的。稍后，他在知道自己的病情之后，就更加被动了。他说，反正治不好，还瞎折腾什么？但是后来，特别是跟心理治疗师谈了两次话之后，他就变得主动了。

首先是治疗肺部疾病上的主动。询问了一些专家之后，在妻子和女儿还犹豫不决的时候，他就坚决要求手术治疗。其次是术后的化疗，尽管很痛苦，他也坚持了下来。最后，本来是不相信心理治疗会对自己的癌症产生什么作用的他后来却变得非常渴望每次的心理治疗。他说："手术和化疗，那是医生操心的事，我使不上什么劲儿，但我却可以通过改变自己的心态，来对付疾病。现在流行说心态决定一切，我要用好的心态，让自己多活几年，或者说，我既然活着的时间不多了，为什么不心情愉快地活着呢？如果快乐也只能活一个月，悲伤也只能活一个月，那我当然选择快乐。"

在这一点上，K 先生说得不完全对。现代医学证明，快乐可以增加机体的免疫力，所以如果癌症使你只能再活一个月，那当你快乐地活着的时候，也许你能够活一个月零一天或者更久。

死亡的恐惧，是人类面临的最大恐惧。即使没有患威胁生命的疾病，每个人都还是生活在"迟早会死"这一最大的恐惧中。疾病只不过把这种恐惧直接展示在了我们面前。

K 先生第一次听到"肺癌"二字，立即就联想到了死亡。然后，与死亡相关的所有事件，就成了他心理活动的主要内容。他害怕听到有人说"死"这个字，害怕看到花圈店，甚至看到有人穿纯黑色的衣服，也会紧张不安，因为这让他联想到追悼会上人们佩戴的黑纱。

他单独跟心理治疗师讨论了几次关于死亡的事。奇怪的是，自己在心里转着死亡的念头时，恐惧会越来越强烈；但真正把与死亡有关的东西放在桌面上谈，完全不躲躲闪闪，恐惧感反而慢慢减少了。当然，完全没有对死亡的恐惧是不可能的，也是没有必要的。从哲学上来说，对死亡的恐惧，是我们活着的最强有力的证据。

K 先生勇气的增长，也极大地鼓舞了妻子和女儿。尽管经过上面说到的曲曲折折，这个家庭还是恢复了往日的轻松和快乐的气氛。当然疾病还在那里，但它却像一堆本来散布在客厅、卧室的垃圾，现在却被扫入了垃圾袋，丢到了墙角边——虽然家里的主人们还看得见它，但它却对主人们的生活没有太大的影响了。

04

当性福来敲门，亲密关系的秘密

父母对孩子的性虐待

一般认为，儿童性虐待是指成年人利用十六岁以下儿童获得性的满足，造成儿童明显的情绪创伤的现象。但是，还有一类危害更广泛的对儿童的性虐待，却一直被专家和公众忽略。这类性虐待的特点是，剥夺儿童获得与性有关的恰当的信息的机会，限制其跟异性的必要的交往，最终导致儿童在性知识上的无知、人际交往上的退缩以及性心理发育的迟滞。如果我们拿吃东西打比方，就是说逼着人吃东西，把人胀死了是虐待，不让人吃东西，把人饿死了也是虐待。

赵菲在网上访问了我们医院的主页，并且知道了门诊预约电话。她打电话到门诊，第一句话就是问我们医院有没有女医生。接电话的护士说暂时没有。赵菲就说，她一定要找一个女医生看。护士回答说，找男医生看也一样，一定要找女医生，这本身可能就是一个问题。被说中了心事，赵菲沉默了一会儿，咬咬牙说：“那就给我约一个时间吧。”

在我的咨询室，坐在我对面的赵菲是一个很漂亮的女孩，五官端正，身高超过165厘米。但是，即使是表面地看，也可以发现一些问题：她衣着朴素，像20世纪80年代初的大学生，而不像现在的白领丽人；面部表情呆板、抑郁，眼神有些神经质，不敢正眼看我；身体的姿态僵硬；过于消瘦；等等。给人总的感觉是，赵菲虽然漂亮，却缺乏一种“女孩味”。

我先做了简短的自我介绍，然后她开始介绍自己的情况，她说：

“我今年二十七岁，大学毕业已经四年，在一家公司工作。大学毕业后不久，我就出现了一些心理问题，情绪抑郁，害怕与人交往，特别害怕男性领导和同事，跟他们说话就紧张、脸红、出汗，公共场合发言常常语无伦次。这些问题影响了我的学习、工作和交友。到现在为止，我还没有正式谈过一个男朋友，同事中有对我有好感的男性，但我因为心理方面的障碍，拒绝跟他们交往。久而久之，别人都认为我脾气很怪，就慢慢疏远我了。

“为了消除这些问题，我读过很多心理学方面的书，有时候有一些帮助，更多的时候没什么帮助。一直都想看看心理医生，但实在没有勇气把自己的那些事情跟另外一个人谈。看了你们医院的网页，感到有了一点希望，本来想找一位女医生，你们却没有，护士的那句话让我既难受又高兴，难受的是伤疤被人揭开了；高兴的是，另一个人能够如此准确地判断我的问题，那我也许就有救了。进你的咨询室的时候，我也很紧张，说了这些话，紧张缓解了不少，这么多年以来，我第一次跟一位男性说这么多话。”

在以后的几次谈话中，赵菲给我讲了她童年的经历：

“我父母都是大学教授，他们在专业上都很有成就，但思想十分保守，特别是在男女交往方面。我记得我以前也是一个快乐、活泼的女孩，经常跟别的男孩、女孩一起玩耍，没有任何心理问题。五六岁的时候，发生了一件事，可以说改变了我的一生。有一天，我跟两个和我一样大的男孩在教工宿舍楼下面玩，其中一个男孩提议说，我们找一个地方，玩脱衣服游戏去。我也不知道那是个什么游戏，只想有玩的就好，就跟他们一起到了学校的围墙边上——一个一般情况下不会有人去的地方。那两个男孩先脱了衣服，然后他们让我脱，我刚刚把衣服脱完，就看见妈妈跑过来，无比愤怒的样子，不容分说就打了我两耳光，还恶狠狠地骂道：‘你怎么这么不要脸！’两个男孩看到这种情形，拿起地上的衣服就跑开了。

“那天回到家里，妈妈把这件事告诉了爸爸，爸爸也很生气，说从此以后不准我跟男孩子一起玩。我当时懵懵懂懂的，不知道自己犯了什么错误，但父母的那种态度，特别是妈妈骂我不要脸的那句话，刀刻般印在了我的脑海里，现在想起来，还觉得羞愧、难受。后来他们对我真的是严加管束，从上小学到高中毕业，任何与男女关系有关的事物，都不让我接触。看电视的时候，荧屏上如果出现男女亲密的镜头，妈妈就会让我闭上眼睛，到后来形成了条件反射，一遇到那样的场景，我就自觉地闭上眼睛或者站起来走开；家里的报纸，都是‘消毒’过的，凡是有男女关系的内容他们都剪掉了再让我看；爸爸有一个带锁的书柜，里面都是一些文艺方面的书，可能锁着一些他们认为我不能看的东西；还不准我和男同学交往，如果他们看到我跟男同学一起回家，就会严厉地批评我。有一次我的自行车在路上坏了，一位男同学帮我修，爸爸正好路过，把那个男同学骂了一顿，说以后赵菲的任何事情都不要他管，那个同学被气走了。我当时觉得特别羞愧，恨不得死了算了。

“初二的时候，班上的女同学都看琼瑶的小说，我听说那都是爱情小说，自觉地不看。有一次，一位女同学硬是塞了一本琼瑶的书给我，我利用课余时间看了一点，就被强烈地吸引住了，我悄悄地把书带回家，结果被妈妈看到了，她愤怒地把书撕了，还让我用自己的零花钱给别人赔书。赔书倒是小事，她撕书的那一会儿，我觉得我的心都被撕碎了。

“说实在的，我父母还是很爱我的。我在物质上的要求，他们都尽可能地满足我。学习方面，他们就更舍得花钱了。由于我跟女孩的交往也受到他们的限制（怕被带坏），所以我能够有更多的时间和精力学习课本知识。在中小学，我的成绩总是最好的，后来顺利地考上了一所名牌大学。但是，我现在想，表面上我能够专心学习，实际上学习效率并不高，特别是在高中，有时候坐在那里，半天也集中不了注意力，脑子里尽想着一些乱七八糟的事情。爸爸妈妈不知道这一点，他们只要求我乖乖地坐在那里就行了。如果我能够多一些人际交往，心情愉快一点，一样可以保持好成绩，也一样可以考上好大学，而且不会出现现在这样的情况。

“高中二年级时，我暗恋上了一个同班同学。有一个学期，我几乎时时刻刻都想着他。很羡慕班上的其他女生，可以在他面前谈笑风生、无拘无束，我却不行。一是因为我缺乏起码的跟人交往的能力，在他面前不知道说什么好；二是怕爸妈知道我竟然早恋，在他们眼里，那可是一件跟天塌下来一样的事情。而且有时候，我心里一出现对男生的兴趣时，妈妈说我‘不要脸’的话就在脑子里冒出来，让我觉得特别羞辱。

“到了大学，我以为爸妈管不了我了，可以生活得自由一些，想干什么就干什么。其实不然，一个人的性格和与人交往的模式，是不容易改变的。我开始的时候试图跟同学建立比较好的关系，主动跟男女同学交往，但效果不好。主要的原因还是缺乏跟人打交道的能力和经验。经历过很多人际冲突之后，就产生了现在的症状。我知道，那些冲突，绝大多数是因为我太敏感，情绪容易波动，怨不得别人。

“大学毕业后，在公司里，我也是只做好分内的事情，跟他人保持着距离。二十四岁以后，爸妈就慢慢地开始着急我谈男朋友的事情了。他们也开始意识到当初对我的教育不当，有一次甚至向我认错道歉。我当时就哭了，心想现在道歉有什么用，又想到他们那样做的动机也是为我好，我成了这个样子，连一个可以谴责的人都没有，越想就哭得越伤心。

“后来我接触过几个男性，都没谈成，除了其中一个之外，我都不喜欢。那个我喜欢的男生，在跟我打过几次交道后，说我的性格太内向，可能跟他合不来，所以后来就没来往了。现在我的父母虽然没有逼着我找男朋友，但我看得出来，他们心里比我更着急。我自己并不十分着急，我想先把自己的问题解决好再说。”

赵菲是一个很有悟性的女孩。她通过读书和自我反省，已经基本上知道了自己的问题所在。通过十次个别心理治疗后，对自己的问题又有了更深入的认识，至少在认知层面上切断了正常的性需求与“不要脸”这一判断的联系，也就是说，不再以跟男性交往为耻。认知的改变应该导致行为和情感的改变。我着重跟她讨论了所谓的“女孩味”，我说：“不管从经济上、年龄上还是身份上，你都可以穿得更吸引人一些。你是不是害怕吸引男性的注意？更深入地说，衣着朴素是不是你在试图掩盖自己内心的愿望？”她没有用语言回答我的问题，而是用行动做了回答。因为不久之后，坐在我面前的就是一个衣着入时的现代女郎了。

还有一个现象反映了赵菲内心深处的变化，那就是她的体形慢慢地变得丰腴起来。成熟女性丰满的身体，是最能够吸引男性的地方。从深层心理学的观点看，一个女性如果不能接受自己的性欲望，那她就会通过潜意识的途径（心理对身体的影响)，使自己不具有吸引男性的特征。原本过分消瘦的赵菲“长胖”，意味着她已经在潜意识的深处接纳自己了。

后来我们决定，让她转做集体心理治疗，在人际交往中解决其他问题。在一个十二人的治疗小组内，赵菲的变化极大，十五次治疗下来，好像换了一个人似的，我仿佛又看到了以前那个快乐、活泼的小女孩。

集体治疗主要针对认知和行为层面。在认知层面上，主要方式是与他人交流对性关系的看法。赵菲发现，她内心深处的一些关于性的伦理道德准则，就像是从书上读到的一百多年前的女孩的准则，已经与这个时代格格不入。而且作为旁观者，她也清楚地看到，并不只是她一个人如此落伍，小组内有几个男性和女性的想法、做法，甚至比她还要保守和退缩，这让她好像看到了自己的一部分。她的感觉是，既然把那些不合理的想法看清楚了，消除它们就有了希望。后来事实也证明，那些想法一出现，她就能够识别和消除它们，或者至少使它们不对自己产生大的影响。

对认知造成影响的还有对有关男女关系的观察和欣赏。我在小组内向大家展示了两幅图片，一幅是一个四岁左右的小女孩，拉开了一个跟她同年龄小男孩的短裤，好奇地探头往里面看。图片的名字叫作《怎么比我多一点》。赵菲看完这幅图片评论说，对性的好奇心是与生俱来的、纯洁的，我们应该接纳它。

还有一幅图片是著名的摄影作品，曾经轰动世界。女子站在火车车厢门口，她的男友站在站台上，火车马上就要开走，两人深情吻别，周围有很多人在观看，当然也包括拍下这一感人瞬间的摄影师。赵菲说，她以前也看过这幅作品，但没有深想，也许是下意识地不敢让自己深想，这次看了以后体会了一下，受到很大的震动，原来男女之情可以如此美好，美好得可以向全世界的人展示。

在行为层面，主要是做了一些交流方面的训练。比如跟异性谈话，怎样开始、打算谈什么话题、如何倾听、如何回应、目光怎样交流或者回避、怎样的姿势可以让人放松，等等。开始训练的时候，一面对异性，赵菲就手脚失措，大脑一片空白，不知道说什么好。经过几次训练，特别是受到大家的鼓励之后，她的进步很快。最后她的感觉是，跟异性谈话不仅不是一件叫人紧张的事情，而是一件令人愉快的事情。她有信心把她通过训练获得的技巧应用到生活中。

最后一次治疗结束后，赵菲跟我握手道别。她哭了，是那种做成了某件大事之后喜悦的哭。她问我，她以后有什么好消息可不可以打电话告诉我。我知道她可能暗示的是什么，就回答说："当然可以，我会为你高兴的。"

据统计，利用儿童满足性欲的性虐待，发生率大约是百分之五。但是，扼杀儿童与其年龄相称的性愿望和性活动（包括获得性知识、与异性恰当交流等），这样的行为，也是一种虐待，我们不妨称之为"剥夺性的性虐待"。这种性虐待更为普遍，我国深受其害的女性的数量也是惊人的。尤为可怕的是，我们还没有真正意识到它的危害，所以就不可能采取措施来消除它。

以下是一些可以帮助消除这类性虐待的知识、信念和原则：

第一，人类个体在不同的阶段都有性的愿望。不同的阶段有不同的性愿望，也有相应的、恰当的满足方式。比如五六岁的男孩、女孩通过在游戏中扮演爸爸妈妈而满足，十几岁的孩子在很大程度上通过想象满足，成年人通过性行为本身满足，等等。性愿望的压抑不仅是反人性的，还可能导致很多心理的和身体的疾病，并最终会影响一个人的成就和幸福。

第二，学习并不意味着仅仅学习书本知识，还应该包括学习人际交往的知识，特别是与异性交往的知识。交往的能力和经验应该从小开始培养，一个人不可能在成年那一天突然就变得能够老练地跟异性打交道。

第三，儿童有权利知道他们应该知道的性知识。而且，他们最终总是要知道的，与其让他们通过非正式的渠道知道，还不如堂堂正正地告诉他们。这样才能够使他们真正获得正确的知识，而不会被错误的观点误导。

第四，父母害怕孩子接触性知识和性事件，是他们自己内心焦虑的表现。他们把自己的焦虑投射到了孩子身上。

第五，父母没有权利给孩子制造过于“人工”的成长环境。使孩子在没有任何“性色彩”的真空里长大，这看起来是保护，实际上是剥夺、伤害甚至虐待。

第六，父母爱孩子，这从来都不是问题，真正的问题是，该如何去爱。做父母也是一个学习的过程，没有人天生就是好父母，所以阅读一些怎样教育孩子的报纸、杂志和书籍，听取专家们的建议，十分重要。

男人对婚姻的幻想绝不少于女人

男人对婚姻抱有的幻想，在数量上绝不少于女人。

只是男人一向拙于表达，所以表面看起来，他们只希望妻子漂亮贤惠就可以了，实际情形却并非如此。

第一，交女朋友和结婚是男人生活史中最重要的事件，因为这意味着他对母亲的依恋明确地转向了另外一个异性。但这种转变不是在一夜之间发生的，它需要一个或长或短的过程。在这个过程中，他与母亲在情感上仍有着千丝万缕的联系。这使他在潜意识里会按照母亲外在的和内在的形象去选择女友和终身伴侣。与母亲外在形象的相似我们就不说了，内在的形象是指母亲对孩子具有的爱心、耐心、宽容、温柔甚至放任等态度。男人对这些情感的向往，其强烈程度远远超过看起来很强烈的建功立业的渴望。一位刚生了一个儿子的年轻妈妈曾经说：

“我现在有两个儿子了，一个正在我的怀里吃奶，另一个是我丈夫。”

第二，男人需要一个固定的性伙伴，来缓解由性冲动带来的压力和焦虑。这是由基因和激素驱动的，也是种族生存的需要。一个好的妻子，首先要是一个好的性伙伴。

第三，他需要一个崇拜者。在外面的世界里，一个男人的荣耀和权威随时都可能受到其他同性的挑战。他有时候会赢，有时候会败；有时候自信，有时候自卑。这种不确定性，会严重地影响他的整个心态。所以，在家中，在这个只有他一个成年男性的小世界里，他需要一种确定的权威感，或者说需要一个崇拜他的人。有很多男人在众多的女友中选择了一位性格和能力较弱的结婚，就是这个原因。

第四，男人也需要非肉体的，也就是说纯精神的交流。有许多女性认为，男人只知道性而不懂得情感，实在是天大的误解。男人在外，心理上的压力虽然无影无形，但却巨大无比，如果没有适当的途径来缓解这些压力，他每分钟都有可能精神崩溃。这样说并没有丝毫的夸张。仅仅想一想这个世界上男人每天要消耗多少吨酒，就会理解“放松”二字对男人是何等重要。最好的缓解压力的方法当然是与人交流。最方便的交流当然是与妻子谈一谈。但若妻子不能理解他，他就可能去朋友那里找安慰。每一个抱怨丈夫晚归的妻子，都应该冷静客观地想一想丈夫晚归的原因：是他觉得朋友或者酒精比你更重要，还是你们之间缺乏交流？

自我界限清楚的情感是最有价值的

自我界限是指在人际关系中，个体清楚地知道自己和他人的责任和权利范围，既保护自己的个人空间不受侵犯，又不侵犯他人的个人空间。

从心理发展上看，自我界限是逐渐形成的。胎儿在母亲体内，他感觉到他和母亲是一体的，母亲就是他，他就是母亲的一部分。出生以后，他虽然在肉体上与母亲已经分开，但在心理上仍然是连在一起的。没有母亲或母亲的替代者，他一天也活不下去。

随着孩子慢慢长大，与母亲的心理距离也就越来越远。成长的过程，也就是与母亲在心理上分离的过程。分得越开，也就意味着成长得越好。遗憾的是，好多人在成长的过程中会形成一种与母亲一部分分开，另一部分还连在一起的状况。这是一种不完全的成长，换一种说法，就是处于这种状况的人，他的自我与母亲之间的界限不清楚。

这种界限不清楚的状况会投射到他所有的人际关系中。具体表现是：一方面，他会过多地在他人面前展露自己的内心世界，过分地渴望他人了解自己，并过度地依赖他人，希望他人在本来该自己做出决定的方面代替自己做出决定；另一方面，他会过多地想了解别人的内心世界，以便获得与别人融为一体的感觉，还想让别人依赖自己，希望参与别人即使是很私人化的决定，等等。

在自我界限不清楚的人的内心里，总是存在着成长与不成长之间的冲突。成长的力量当然是巨大的。曾经有科学家做过与植物成长的力量有关的实验：用一些较薄的铁条捆住小南瓜，小南瓜慢慢长大，轻而易举就把铁条绷断了。科学家逐渐增加铁条的厚度，直到铁条的厚度到了预计值的十倍时，才没有被绷断。植物成长的力量都如此惊人，人成长的力量就根本无法测量了。想想一个一岁的小孩能做什么，再想想一个三十岁的男人能做什么，就知道成长是怎么回事了。

但是，不成长的力量同样也是很大的。这是因为，不成长有很多的好处。第一个好处是安全。小孩在学步的过程中，走几步就回头，抱住妈妈的腿，那是为了安全；再长大一点，打开自己家的房门，看见有陌生人走过，把门一关，又跑回来抱住妈妈，那也是为了安全。在孩子心中，只要与妈妈融为一体，就什么都不怕了。这种心理会保持到成年。一个没有充分成长的成年人，他会下意识地感到，只要跟另外一个人变成一个人，就会有安全感。自我界限就在这样的过程中变得模糊不清了。成长从来都是以丧失安全感为代价的，然而安全感是人的基本需要之一，其重要性仅次于人对食物和性的需要，所以对安全感的追求，可以强大到与成长的力量抗衡的程度。

不成长或者说自我界限不清的第二个好处是：可以获得想象的、虚假的温情。从生理的角度看，当我们用手触摸边界很清楚的物品，比如表面光滑的硬物时，我们的感受是它是它、我是我，较少有交流的体验。但当我们触摸一件软的、毛茸茸的物品时，我们就会感觉到与该物品在某种程度上的融合和某种意义上的温情。心理上也是如此，在我们觉得与一个人没有边界的时候，我们就会自然地感到来自他的温情，即使这些温情是我们自己想象的，也可以暂时帮助我们抵御人世间的风寒。

自我界限不清的第三个好处是：可以控制他人。当然，这种控制感也是想象的、虚假的。需要这种控制感的原因是，自我界限不清的人往往都不太自信，他不能肯定别人会对他好，所以需要控制他人的态度，这样可以让自己感到有信心一些。

大家已经看得很清楚，这些好处实际上并不是真正的好处。如果把安全感建立在他人身上，这样的安全感是很不稳定的；假想的温情，随着时间的推移，也会露出其本来的面孔，结果是更令人难以承受的冷漠；而假想的控制感，会使人觉得自己对他人有巨大的权力，这迟早会导致关系的破坏。不仅如此，在他控制别人的同时，他自己实际上也失去了自由，他时常会有被别人控制的感觉，言谈举止都会过多地考虑别人会怎么想，就好像在为别人而活着。

只有成长本身会带来真正的安全感。因为这种安全感是建立在自己的能力之上的，所以它非常稳定可靠。当然，即使是一个成长得很好的人，也会需要温情，但是他所感受到的温情是真实的，不带任何虚情假意。至于控制感，他可能根本就不需要（理性的、必要的控制除外，比如作为行政首脑对下属的必要控制），他对自己有足够的信心，别人对他的态度的好坏，对他的自信心没有任何影响。

要在心理上划清与他人的界限，非一朝一夕之功，需要长久的努力。首先需要弄清楚的是，自己在哪些看法、情感和行为上与别人的界限不清楚。然后一条一条慢慢地在那些不清楚的地方画上清楚的线。这样做虽然会有一些痛苦，但也会有更多成长的喜悦。

自我界限清楚的人，并不意味着他不需要别人，也就是说，他并非在任何情形下都自己承担一切，拒绝别人在情感上和行动上的支持。自我界限清楚意味着一个人与他人接近，但没有近到他失去自己的程度，也没有近到把别人当成了自己的一部分的程度，他还是他，别人还是别人；与此同时，他也不会离别人太远，不会远到丧失爱自己想爱的人的能力和可能性，在他真正需要的时候，他会从别人那里获得不虚假的安全感与温情。

即使在夫妻之间、父母与儿女之间、朋友之间，每个人也都应该有清楚的自我界限。那种消弭了自我界限的情感，迟早会对身处这种情感关系中的每一个人造成伤害。也许有人会说，在这样亲密的关系中把界限弄得那么清楚，会不会使关系变得很冷漠？回答是不会的。因为自我界限清楚，并不意味着没有情感。而且，两个都有着清楚的自我界限的人之间的情感交流，才是最深厚、最真实和最有价值的。

让我们近一点吧，因为我们都互相需要，但也不要太近，不要近得分不清哪个是你，哪个是我；或者我们互相离远一点吧，但是不要远得在我们彼此需要爱的时候，听不到对方的声音。

过度热衷于减肥，是下意识拒绝成长的表现

“楚王好细腰，宫中多饿死。”说的是楚灵王对腰身纤细的女子感兴趣，所以便有很多的女子为了使腰变细不吃不喝，以至于最后被饿死。时间虽然过去了两千多年，楚灵王的幽灵却仿佛还在我们身边徘徊，现代男女对减肥的兴趣就是证明。其中也不乏快要被饿死的和已经被饿死的，这些人被现代医学认为患了一种病，叫作神经性厌食症。

神经性厌食症的诊断标准是：故意控制进食量，同时采取过量运动、引吐、导泻等方式以减轻体重；体重显著下降，降至标准体重的 75% 以下；担心发胖，甚至明显消瘦仍自认为太胖，医生的解释及忠告无效；女性闭经，男性性功能减退，青春期前的患者性器官发育不良；等等。绝大多数神经性厌食症患者为十三岁至二十岁的青少年女性，她们一般能够正常学

习和工作，并且学习成绩不错，与人交往也很活跃，但有一些性格弱点，如做事过分追求完美，行为讲究规范，环境讲究整洁，比较固执己见，拒绝求医，有焦虑和抑郁情绪，对自己的欲望表达较少，自我控制过多，等等。在女学生中，大约有百分之一的人有厌食症状；而在芭蕾舞演员及其他强调体形的职业中，有这种症状者的比率要更高一些。明确诊断为神经性厌食症的患者，需要药物治疗甚至住院治疗。

当然，并不是每一位减肥爱好者都会变成楚灵王嗜好的牺牲品或者说神经性厌食症患者。绝大多数人减肥的目标，仅仅是想减掉自己高于标准体重的那一部分赘肉而已。这样做至少有两个好处：第一个好处是体重减轻对健康有利，可以减轻心脏的负担，降低心血管系统疾病和糖尿病的发病率等；第二个好处可能在感情上要更加重要一些，我们甚至可以说，减肥者主要就是为了这一好处，即为了漂亮。

减肥在某种程度上也是一种自娱自乐的游戏。在一个富足的国度里，吃很少是为了满足生理的需要，更多地是为了满足心理的需要。我们在吃喝中享受着自己照顾自己的愉悦，而在过度吃喝之后，我们又要花不少心思去防止过剩的食物变成我们身上过剩的脂肪，这是对自己的又一次重视和关心。这里面还包含着“在哪里跌倒，就在哪里爬起来”的哲理，同时也可以使生活被吃喝与减肥这一矛盾体充满，变得不那么空虚。

在楚灵王时期，人们就知道饮食与肥胖的关系，因为他们知道想要腰细就必须少吃。但他们并不知道心理因素在其中所起的作用。现代心理学研究证明，很多肥胖是心理因素造成的，是典型的心身疾病之一。其发生过程是：内心冲突导致焦虑，饮食是降低焦虑的有效方式，饮食过多便会直接导致肥胖。然后肥胖本身又会导致新的内心冲突，增加新的焦虑，这些焦虑又可能需要更多的饮食来消除，如此恶性循环，轻者会发展成为一般的心理障碍，如情绪不稳、注意力不集中、失眠等，重者便会发展成为上面提到的神经性厌食症。

饮食是人的本能之一。相对于性本能而言，人们对它实在是太宽容了。在城镇的大街小巷，餐馆酒楼不仅是男女老少最愿意去的地方，实际上也是去得最多的地方。人们可以在大庭广众之下像谈论人的高级本能一样大谈吃喝这样的低级本能，而不必露出丝毫害羞之意。一个人用自己的钱乱吃乱喝大约不太可能会受到什么伦理道德的谴责，但是，饮食本能也不是完全不受制约的。由过度饮食造成的健康和美观上的问题，也就是说肥胖的问题，自然而然会使所有饕餮之徒有所收敛。天道公乎？天道公也！

从大的社会背景上来说，我们身上的肉有了“富余”，也直接反映出我们的社会有了“富余”。虽然富余有富余的问题，但富余总比贫乏要好。因为贫乏不仅会使我们丧失健康，还会使我们丧失做人的尊严，所以富余总比贫乏好。我们可以说，把体重控制在适当的范围内，既不太胖也不太瘦，是一个人在人人都有着做人的尊严的社会环境中追求健康的良好方式。如果说现代人的审美观与楚灵王的审美观有一脉相承之处，那也可以说减肥是现代女性追求美丽的良好方式。

照镜子是女人自恋的铁证，追逐更高的权威和更大的成功是男人自恋的典型表现

英语中自恋（narcissism）这个词，直译成汉语是水仙花。这来自一个美丽的古希腊神话：美少年纳西索斯在水中看到了自己的倒影，便爱上了自己，每天茶饭不思，憔悴而死，变成了一朵花，后人称之为水仙花。心理学家借用这个词，用以描绘一个人爱上自己的现象。

自恋是人性的基本特性之一，所以也是心理学研究的重大课题之一，也许也是最有趣的课题之一。我们可以把自恋分成一般性的自恋和病态的自恋。一般性自恋可以说每个人都有一点。以下我们就看一看两个可以反映自恋倾向的行为：

首先是写日记。从效果上看，写日记确实可以起到记录重大事件、练习写作能力的作用。但从动机层面看，则可能是为

了满足自恋。有一组外国漫画，名叫《一个女孩的一天》，精细地描绘了一个十一二岁的小女孩一天的经历：起床，照镜子，打扮，与一个年龄相仿的男孩一起玩，男孩送给她一朵花，还吻了她，然后她回家写日记，最后在写完美好日记的美好心情中甜蜜地睡着了。可以想见，这个小女孩对自己是如何满意，白天的经历又何等清楚地证明了她对自己满意是何等的正确。这样的事当然应该用有着最温馨颜色的日记本记下来，以便将来在需要一遍遍满足自恋的时候一遍遍地重读。如果日记是一本书，那这本书通常只有一个读者，就是作者本人。那些把日记拿出来公开发表的人，是把他们的自恋扩大化了。不过，虽然写日记可能是自恋的表现，但小学生们因为学习要求写日记，则与自恋无关。

其次是照镜子。我们就这一点来谈谈男女在自恋上的差异。男人和女人谁更自恋一些？这个问题似乎很难回答。有一则幽默：一个人问，趴在镜子上的一只蚊子是公的还是母的？另一人答曰，肯定是母的，因为母的才喜欢照镜子。这是用女人的行为特点来推测母蚊子的行为，所有读了的人都会会心一笑，看来女人喜欢照镜子已是不争的事实。但有心理学家做过一个实验，结果却完全相反。他们在路边摆了一面大镜子，然后观察谁会照上一照。发现结果令他们自己都大吃一惊：男人比女人更喜欢照镜子。很多女人从镜子旁边走过，只是不经意地看一看自己在镜子中的形象。而很多男人却停下脚步，把自己从头到脚、从正面到背面都仔细地端详一番。

比较起来，上面的实验比那则幽默更能说明问题一些。但是，这个实验也有漏洞。反对男人比女人更喜欢照镜子的人也许会说，女人是在出门之前花了数倍于男人的时间把自己精心修饰了才出门的，她们当然不必再使用路边的镜子了。或者更直接地说，根本不用做什么实验，绝大多数男人和女人都会认为，女人在镜子面前顾影自怜或者顾影自“恋”的时间要比男人多得多。也许男人和女人谁更自恋是一个永远也争不清楚的问题，而男女自恋方式的差异则是显而易见的事实。照镜子是女人自恋的铁证，追逐更高的权威、更大的成功则是男人自恋的典型表现。

一般性的自恋不一定总是坏事。艺术家、政治家某种程度上的自恋，有时候不仅不是问题，反而可以增加他们的个人魅力，但适度很重要。自恋是人格菜肴中的盐，少了则寡淡无味，多了便难以入口。

也有以自恋为生的人，或者说拿自恋换钱的人。某些作家不厌其烦地描述自己私生活的点点滴滴，既满足了自恋，又可以有很好的收入，一举多得。极具讽刺意味的是，那些购买自恋味很重的书籍的人，他们并不是因为喜欢作者才买的，而是因为他们也自恋——自恋的书让他们产生强烈的介入感，读后越发地喜欢上自己的琐碎与悲伤。

自恋是很容易扩大化的。过分地热爱自己所属的组织或集体，如自己工作的公司、居住的城市和所属的民族等，就是自恋扩大化的典型例子。有些公司之间不择手段的竞争背后，就可能有自恋在起作用；一个城市里小部分人的故步自封和对外地人的蔑视，也是扩大的自恋在作怪；第二次世界大战是由极端的民族主义导致的，个体的自恋以扩大了的民族自恋表现出来，对整个人类犯下了滔天罪行。

在心理治疗过程中，对自恋的分析是一个必需的程序。以下是一个例子：一位女性来访者在第十次治疗开始时告诉我，她最近病了，今天刚输完液就来了。我注意到她的手上还贴着纱布和胶布，用以防止针孔出血。在谈了一些其他事情后，我问："你一般输完液后多长时间把止血胶布撕掉？"她说："大约几小时。"我又问："如果仅仅是为了止血，最多几分钟就够了，你为何要贴那么长时间？有没有可能是因为你想通过这种方式来提醒自己：我现在病了，我很可怜，我需要自己多爱自己一些。"她想了一会儿，说有这种可能。然后我便以此为契机，对她的与自恋有关的情感和行为进行了广泛而深入的分析。当然这样的好机会是不会经常出现的，而一旦出现了，就应该牢牢地抓住它。

病态的自恋是指自恋型人格，是人格障碍的类型之一。其主要特征是：强烈的自我表现欲和从他人那里获得注意与羡慕的愿望；一贯自我评价过高，自以为才华出众、能力超群，常常不现实地夸大自己的成就，倾向于极端的自我专注；好做海阔天空的幻想，内容多是自我陶醉性的，如幻想自己成就辉煌，荣誉和享受接踵而至；权欲倾向明显，期待他人给自己以特殊的偏爱和关心，不愿相互承担责任，很少意识到其剥夺性行为是自私的和专横的；缺乏责任心，常用自负傲慢、妄自尊大、花言巧语和推诿转嫁等态度和方法来为自己的不负责任辩解，漠视正确的自重和自尊；在人际交往方面，与他人缺乏感情交流，喜欢占便宜；在面临批评和挫折时，要么表现得不屑一顾，要么表现出强烈的愤怒、羞辱或空虚；容易给人造成一种毫不在乎和玩世不恭的假象，事实上却很在意别人的注意和称赞；为谋取个人利益可以不择手段，只愿享受，不想付出；等等。

自恋是人性中广泛存在的现象，每个人都多少有一点。但符合以上自恋型人格诊断标准的，则只有极少数。从表面上看，自恋型人格障碍患者处处为自己物质的和心理的利益考虑，而实际上，他的一切利益都因为自恋而受到了损害。因为：第一，自恋是一种对赞美成瘾的症状，为了获得赞美，自恋者会不惜一切代价，比如有人甘冒生命危险而求得“天下谁人不识君”的知名度，这就走向了自恋的反面——自毁、自虐；第二，自恋是一种非理性的力量，自恋者本人无法自由地控制它，所以就永远不可能获得内心的宁静，永远都会像被无形的鞭子抽打着的牛一样，只知道朝前奔走，而没有一个可感可知的现实目标；第三，自恋者也会下意识地明白，总是从别人那里获得赞美是不可能的，所以他会不自觉地限定自己的活动范围，以回避外界任何可能伤及自恋的因素；第四，在与他人的交往中，他会因为他的自私表现而丧失他最看重的东西——来自别人的赞美，这对他来说是毁灭性的打击，并且可以使其进入追求赞美—失败—更强烈地追求—面临更大的失败的恶性循环之中。自恋者易患抑郁症，原因就在这里。

自恋有时会以不可理喻，甚至让人难受的方式表现出来。比如自恋者时常过分关心自己的健康，总是怀疑自己患了某种任何仪器都查不出来的病。即使在自己都认为这种怀疑很荒谬的情形下，也无法摆脱疑虑，惶惶不可终日。

关于自恋型人格障碍的成因，经典精神分析理论的解释是这样的：患者无法把自己本能的心理力量投注到外界的某一客体上，该力量滞留在内部，便形成了自恋。现代客体关系理论认为，自恋型人格障碍者的特点是“以自我为客体”，通俗地说，就是“你我不分，他我不分”。造成这种现象的原因是，患者在早年的经历中体验过人际关系上的创伤，如与父母长期分离、父母关系不和、父母对其态度过于粗暴或过于溺爱，等等。有这样一些经历，患者就会觉得自己爱自己才是安全的、理所应当的。

一位古希腊哲学家说，对自己的了解是最重要的知识。而了解自己是怎样自恋的——当然只是一般性自恋，则是了解自己最好的途径之一。在大多数情形下，自恋是一个不易被自己察觉的一系列情感和行为模式。如果借助心理医生的帮助，了解自恋会变得容易得多。从这个意义上说，也许每个人都应该花一点时间看看心理医生。

对于自恋人格患者，看心理医生是唯一能使其走出自我和人际困境的选择。

女人的“花心”是一种难以抗拒的魅力

谈这样一个话题，容易被人认为是在这方面比较苦大仇深的人。所以先声明几句，本人像几乎所有男性同胞一样，对于自己喜欢的女性，虽然对其没有“只吊死在我这一棵树上”这一事实不太满意，但这一不满意还没有大到和深到需要在这里对女人口诛笔伐的程度。谈这个话题，仅仅是出于对人类两性关系中的心理现象的兴趣，而不是想公报私仇。

读大学的时候，一次我跟几位铁哥们儿聊天，谈到了我们共同认识的另外一些同性朋友。一位长得五大三粗，但有很好的艺术天赋的男同学一本正经地说，他要是女人，有几个男的那是必须嫁的，不嫁那要后悔一辈子。然后就列举了一长串的名字，那些男人美丑不一、性格不同，但有一条是共同的——都是很有趣的人。根据每个人对他的吸引力的不同，他想嫁给他们的时间长短也不一样，从三个月到一年不等。听完他的奇思妙想，我们的下颌关节都快笑脱了臼，同时也在想象，自己如果是女人，那想嫁的男人有多少？稍稍想一下，人数就已经不在十个以下了。

在报纸的花边新闻中，我偶尔会读到某国某女结过很多次婚之类的消息，但身边却没有一个认识的女性这么做。结过三次婚的人，现实中是很少见的。这说明我们的女同胞虽然也许像男人一样花心，但在行为的层面是很能把握分寸的。

随着时代的进步，“世上有太多的诱惑”这句话，已经不仅仅是警示男人的了。不过，每当一个女人用这句话来提醒自己或者其他女人的时候，我的感觉还是有点怪怪的，就像听到一盘美味佳肴说很在乎谁来品尝它一样。我知道这与我内心的大男子主义思想有关，这种思想的特点是忽略或者否认女性的基本需要，认为女性没有主动选择的权利，只有被动服从的权利。

尼采说，大自然造人所表现出来的唯一的善意就是，在男女关系中，男人和女人各自满足自己的需要，却能够给对方带来好处。话说得极为精彩，包含了对女性的需要的洞察和肯定，跟他曾经说过的贬低女性的话有天壤之别。但一些不了解女性需要的男性可能认为，男人跟女人的关系，就是男人欺负女人的关系，如果在这种情况下女人还主动要跟男人有什么关系，那就是这个女人有点什么问题了。这样的男人会讨厌过于主动的女人，但是我们知道，这种讨厌的感觉是由他们自己的狭隘和无知造成的。遗憾的是，旧时代的女人，或者是部分有着旧观点的现代女人，会认同这样的想法。害怕在跟男人的关系中“吃亏”，或认为某种正常的付出是吃亏的心理，就是这样的错误观点造成的。其直接结果是，她们限制了自己追求幸福的权利和能力，在男女关系中过度地患得患失。

“湘女多情”是一个较古老的说法。我是在湖南读的高中，工作以后也跟一些湖南妹子打过交道，觉得这种说法真的没有骗人。记得一次去湖南参加学术会议，临行前，几个认识才两天的湘妹子都要送我去车站，还帮我拿行李，把离别之情表现得既直接又有分寸。那种场景，现在想起来心里还是暖暖的。我绝不会认为她们是对我个人“有意思”才那样做的，我的感觉是，在她们待人接物的基本态度中有着女性的特质，就是对他人特别是男性的关注、关爱和兴趣，如果这就是“水性杨花”，那我倒希望这样“水性杨花”的女人越多越好。如果每一个女人都只对自己的固定伴侣温情脉脉、笑靥如花，而对其他男人横眉冷对、冷若冰霜，那这个世界真的是要路断人稀了。

男人骨子里还是喜欢“水性杨花”一点的女人的。男人是一种很自恋的动物，他们喜欢对他们感兴趣的女人。表面上看起来，男人一直都在寻找自己喜欢的女人，实际上他们更需要的是对自己感兴趣的女人。“水性杨花”的女人就有着对所有男人的基本兴趣，这种兴趣对男人来说，就是一种难以抗拒的魅力。

不喜欢“水性杨花”的女人的男人也有，但我敢肯定，他们中间至少有一部分人（当然不是全部）压抑了自己的欲望。因为，这样的女人的魅力诱导了他的欲望，而他本人又不允许自己有这样的欲望，于是产生厌恶的感觉来使自己跟欲望保持距离。这样的心理问题也可以在他的其他方面表现出来，比如：他给人的感觉可能是一个不热爱生活的人；在人际关系方面，对自己和别人都可能很苛刻。

对完全不“水性杨花”的女人，男人不会吝啬他们的金钱和赞美之词，贞节碑和上面的文字就是证明。但是，对非常“水性杨花”的女人，男人就更不会吝啬他们的金钱和赞美了。有史以来，可以肯定地说，男人在所谓“销金窟”里花费的金钱，和献给歌女舞伎的华美辞藻，在数量上要比立碑费和碑文多得多。男人就是这样矛盾而虚伪的动物，“水性杨花”和不“水性杨花”都支持。从女人的角度来看，事情就很难办了，真不知要做一个什么样的女人，才能让男人们称心，也难怪女人都抱怨做女人难了。

一个人如果能背几首中国古诗词，那么会背的那几首中说不定就有一首是某位诗人或词人献给他所认识的“水性杨花”的女人的。完全无法想象，如果每个女人都够得上立贞节牌坊的资格，那中国文化中是否还会有那么绚丽的一抹色彩。诗人的才情是需要靠跟女性的关系来滋养的。当然，我们这里并不是要提倡女人都应该更加“水性杨花”一点，以便为中国培养更多有才情的诗人，创作更多的情诗艳词。

几千年来，为了争夺女人而发动的战争可以说不计其数。男人们在进行反省的时候，往往会把战争的原因归于女人的“水性杨花”。表面看来，也有一点道理。因为如果女人的天性就是烈女不事二夫，那天下的所有男性都会断了动别人的老婆或者情人的心思，仗也就打不起来了。但是往深处想，红颜祸水的说法实在是没有道理，男人如果不是花心到病态的程度，怎么会不惜发动战争来抢女人呢？假如一个社会是女人主宰的，大概也会有为了一个男人而打一场战争的事，这时候，女人也许就会称这个男人为“蓝颜祸水”了。不过事实上，这样的小型“战争”的确发生过。在一夫多妻的社会制度下，妻妾们之间的争斗就是为了一个男人。但从来没有哪个女人认为，男人是争斗的祸根。从这个意义上来说，女人要比男人更勇于承担责任一些。

阴与阳是这个世界的最基本组成部分，男人和女人是人类社会的基本元素。同处一片蓝天下，阴阳相吸，男女相亲，是这个世界上最自然的事情，不这样反而是不正常的。当然，任何关系都应该遵守一定的规则。规则本来应该是为人类的幸福服务的，但遗憾的是，人类经常把规则看得比人类自己都重要，使那些规则直接损害人类的幸福，扼杀人类的天性。

内心世界和外部世界有很大的差异，有时候甚至是水火不相容的。一个女人不可能把她内心的愿望全部都变成现实。在处理内心与外部世界的关系上，有一个最基本的原则，那就是：你可以做你内心想做的一切事情，前提是不要因此引起太大的现实麻烦。极端的例子是，你心里想抢银行，如果你真抢了，那就会有严厉的处罚在等着你，不管从什么方面来算账，都划不来。男人和女人的关系也是这样，女人心中自可以有百种思念、千般情怀，但如果真像前面说的嫁那么多的男人，按照现在的市价，仅仅是搬家和照结婚照两项，就足以让她筋疲力尽。如果健康和吃住都成了问题，就只能眼睁睁地看着其他的女人在想象的层面继续去“水性杨花”了。

男人的“花心”需要滋养

现代流行谚语曰：十个男人九个花，一个不花身体差。话说得很幽默，但后半句话有一点不太正确，因为身体差的男人也可能会花心，只不过是心有余而力不足而已。实际情况是，一个身体差到连路都走不动的男人，心里也可能激情涌动、浮想联翩。归根结底，应该说十个男人十个花心才对。

花心，是多配偶倾向的通俗说法。男人的多配偶倾向，首先是由生物学因素决定的。人作为动物的一个种类，繁衍后代并且让尽可能多的后代活下去，是每个个体最重要的任务。人类早期生存的环境很艰难，自然灾害、来自其他凶猛动物的威胁、疾病等，都可能使一个个体及其后代死亡，使该个体的遗传信息永远地消失。为了防止这种“灭绝”，在漫长的进化过程中，人类男性个体的遗传基因里就慢慢地设定了一个“程序”，这个“程序”可以自动地使他寻找更多的女性伴侣，更多地繁衍后代，以数量取胜，以数量保证总有一些后代能存活下来。

但人不仅是生物学上的存在，也是社会学意义上的存在。人类社会发展到今天，一夫一妻制已经成为男女关系的主流。对抗这一主流，至少会给自己带来一些现实的麻烦。即使是那些道德感很弱的男人，在受生物性冲动支配，做出了“以数量取胜的事”之后，也会在生命中的某些时刻，为自己的行为感到内疚和忧伤。在人性与动物性之间，得与失的取舍，对人类来说永远是两难的。

从社会性因素的角度来说，导致男人花心的原因可能是：第一，人类社会目前还处在有阶级的社会，男人的脑海中还残存着一些封建糟粕。他们可能会认为，一个人的阶级地位，是由他所占有的财产数量决定的，而女人又是个人财产中很重要的一类。占有的财产和女人的数量越多，社会地位就越高，也就越有成就感。真正在意识层面持这种错误观点的人当然是少数，但是，在潜意识层面有这种想法的人就可能很多了。对于后者，揭示其潜意识层面的动机，有助于改变他们的“花心”。

第二，有数量众多的配偶，在某种意义上意味着有较强的个人魅力。这是每个男人都需要的东西。特别是对那些不太自信的男人来说，征服更多的女人，是他们获得更多自我肯定的重要手段。但是，这是一条危险的路，一个人如果自己不能肯定自己，而只想靠外界证据来肯定自己，那永远都达不到目的，其结果经常会是加深自我迷失。

从心理角度来说，一个成年男人的整个心理结构中，也包含着一些儿童期的心理特征。俄罗斯的一种玩具——套娃，很形象地展示了这种套叠的结构。套娃是一个中空的娃娃里有一个小娃娃，小娃娃里又有一个更小的娃娃。我见过的最多层的套娃，是由十五个一个比一个小的娃娃组成的。举例来说，一个三十岁的男人，他可能分别有二十岁、十岁、七岁、三岁、一岁、半岁、一个月的男孩的心理，这些不同的心理存在于一个人身上，并且都可能支配他的言行。哪一个年龄阶段的心理特征占优势，他就会显得像哪一个年龄阶段的人，但是，这并不意味着其他年龄阶段的心理特征不起作用。

不同年龄的男人需要不同的女性。成熟的三十岁男人需要的是一位同样成熟的妻子，或者是一位小鸟依人式的妻子，使他感受到自己作为一个男人的力量。但是，当他软弱的时候(如生病、受挫折等)，他的心理状态可能会退回到十岁或者更早，这个时候，他需要的就是一位可以给他关爱的、母亲式的女人了。如果他的固定伴侣不能满足他的这一需要，那他就可能幻想出一个这样的女人，严重的时候，他甚至会用行动找出这样一个女人，当然也可能恰好在这个时候有一个这样的女人出现。当需要和供给一接上头，花心就不再仅仅是花“心”而已了。

一位女性告诉我，她丈夫本来在仕途上前途无量，后来出了点事，就辞去了公职。但她的丈夫并没有想办法找工作，而是整天在家读佛修禅。她用家庭责任和自强不息教导、刺激丈夫，一点用都没有。我对这位女士说：“你丈夫可能需要一点时间来疗伤，最好的办法是你暂时转变一下角色，做一位‘护士’，帮他渡过难关。这样他才不会烦你，才不会在网上或者随便什么地方找一位‘护士’，才不会使另一个女人以‘护士’为名乘虚而入，他才会真正像你所希望的那样，很快地好起来。”男人花心是天生的，那是没有办法的事，想借遗传学的进步改变这一点，也不知道要等到何年何月。但是，从花心到“花行为”还隔着一条鸿沟，好多情形下，当然不是全部，是女人推着男人跨越这条鸿沟的。

好男人、优秀男人的心灵，需要靠跟千百种女人的不同关系来滋养。这些女人可以是妻子、女朋友、女同事、女老师、女学生，等等。人是关系的动物，关系越多，养分也就越多，成长得就会越好。但是，持久的、深入的关系却只能有一种，太多了，养分就可能变成毒药。所谓高质量的人际关系就是，你和他人都能从这种关系中获得最大的好处和最少的坏处。如果跟多个女人的关系都到了可以称得上“花”的程度，那可能就利少弊多了。没有女人会愿意跟别人分享跟你的深入关系，她会用破坏跟你的关系来惩罚你，如果跟你打交道的每个女人都这样做，你想花也花不了啦。

男人的花心，当然也与不一样的女人有不一样的魅力有关。一个女人可以有很多让男人心醉的风情。但在同一个女人身上，不可能具备万种女人的风情。一个成熟的女人懂得这一点，她不会要求自己全部拥有，而只会坚守自己的特点，使个性成为自己最闪亮的标志，不嫉妒同类，也不对男人赞美其他女人耿耿于怀。一个成熟的男人当然也应该懂得这一点。“任凭弱水三千，我只取一瓢饮。”拥有一个女人也就够了，对其他的女人，则只保留远距离欣赏的态度。

花心是一回事，“花语言”和“花行为”却是另外一回事。一个内心情感十分丰富，却在言行上很节制的男人，会是一个既有趣味又有责任感的男人，也是一个真正意义上的男人。内在和外在的反差，会给人一种很内敛的感觉，这实际上就是一种自信，一种不可抵挡的个人魅力。这样的男人，可以担当好生活中的任何角色，丈夫、朋友、儿子、父亲、下属或者领导。按照古人的说法，是可以“托六尺之孤，寄百里之命”的人，不管让他做什么，大家都可以放心。

而什么都“花”的男人，给人的感觉可能就不那么好了。说简单一点，一个无法跟一个女人建立坚固、持久关系的男人，他的其他关系的质量也容易让人看低，他遵守起码的游戏规则的能力也会让人怀疑。

言行上的节制和内心对欲望的压制有很大差别。前者是主动的、令人愉快的，后者是被动的、有害的。不花心的男人可以有两种：一种是以修身养性为职业，而且修到了很高境界的高僧大德，对他们，凡夫俗子也只有佩服的份儿，如果贸然向他们学习，最后可能不仅花心压制不了，反而造成各种心理障碍；还有一种就是没有什么情趣、内心很贫乏的男人，他们被压制的就不仅仅是花心了，还有做人最宝贵的生命力、创造力和对美好事物的鉴赏力。

有时候，花心男人的说法是女人杜撰出来的。或者说，是女人提醒自己“狼来了”，以便保持警觉，这可以使平淡的爱情多一些波澜和色彩，很多女人喜欢这样的享受。我们已经说过，男人个个“花心”，但绝大多数男人，不会在街上见到一个漂亮的女人，就跟着她直到一条黑巷子里，然后再做点什么；也不会只跟一个女人说上三句话，就会要求跟她去旅馆开房间；更不会看了几张 A 片，就色胆包天、为所欲为。

世界如此多姿多彩，作为对大自然造物的感应和感激，“花心”一点有何不好呢？只要我们管住了自己的手脚，那我们一样还是好男人。

男女相爱，性是绝对的基础

采访对象：梁小羽，女，二十二岁

我和他一见钟情，一周后就开始留宿在他那儿了。性，像催化剂一样，迅速让我们的爱情走向深入。有了这样一层亲密关系，我们就像共同拥有了一个小秘密，举手投足间，流露出无言的默契。他常常在我耳边悄声说些只有我才听得懂的与性有关的情话，这让我幸福无比。我想，二人世界就是这样的甜蜜吧。如果没有性，我们也许就像陌路人一般擦肩而过。从这个角度看，性占爱的十分之七八。

但，如果单从性本身来看，情况又不同了。更多时候，我觉得自己做的很多事都是为了让他满足，只要看到他高兴，我比他还高兴。如果他需要，我可以为他奉献一切，包括身体。而我自己对性并不如他那样有偏爱和嗜好，我知道如他那样二十五六岁的男子汉，正值荷尔蒙大量释放的年岁，我非常理解他的需求。我自己呢，有，更好；没有，也不急。这样看，性也就只占爱的十分之三吧。但奇怪的是，每当我们吵架的时候，我就会情不自禁地想：我们多久没有性生活了？那时，我特别渴望他能像以往一样抱我上床。

采访对象：伊人，女，二十五岁

我无法确切地知道性占爱的几分之几，但我清楚地知道自己的感受，我可以为他去死，前提是他给了我最高峰的性爱享受。

我在二十三岁的时候谈了第一次恋爱，与另一半的关系已经达到“非同一般”的程度，可是每次我都不太情愿，我嫌他太脏、太粗暴，不过是把我当作发泄的工具。每次都是他求我，我才违心地配合一次。我多次想到分手，但一想到他对我的身体已经了如指掌，就下不了决心。终于有一天我受不了了，我抗议说我不是工具，就拂袖而去。

我在二十四岁的时候遇到第二个男朋友。我们淡淡地交往，他的温柔和沉稳，渐渐让我体会到一种如溪水般连绵不绝的柔情。在一个飘着雪花的冬夜，我们俩围着烤火炉，吃着点心。屋外寒气袭人，屋内温暖如春，窗玻璃上蒙着一层厚厚的热气。天作姻缘，我们的关系急剧升温。

至此，我才真正领略到性。而以往让我厌恶的，根本就是最低层次的发泄。我的新爱情和性一起成熟，我对他说：“你太好了，我可以为你去死！”我对性并没有奢求，拥有他已经足够，那些书上说的也莫过于此。

感谢他给了我新生命，同时也感谢前任男友，没有第一次的遗憾，何来第二次的美妙?

采访对象：小颖，女，三十岁

女人一过三十，就大军压境了。轰轰烈烈的爱情不可能再有了，但仍然不会放弃对爱的追求，有了丈夫有了家，就要时时盼望和爱人白头偕老。这是我现在生活中比任何事情都要重要的主题。

至于性嘛，早就见怪不怪了。谁说“女人三十如狼四十如虎”？我想这话大抵是从男人嘴里吐出来的，这样的男人大概是嘲笑女人们都没见过世面，我却认为是男人们自己不行了然后进行的自我解嘲。

现在我明确地回答你：性对于三十岁的女人来说，只占十分之三!

采访对象：张无忌，男，二十五岁

无法想象没有性的爱会是什么样的，不说十分全是，至少也是十分之八。人在二十五岁正处于享受性的壮年时期，咱可不能白白地过。但千万不可以说我只有十分之二地爱珍珍，让我那个刁钻、精怪的女朋友听见，可要比美国世贸大厦被炸还要惊天动地。

珍珍是爱我的，而我也是爱珍珍的，我的身心全在她那儿，你可不能冤枉我。但是在我们的爱情里，性的成分的确占着主导地位。不说别的，要是珍珍和我怄气，我把她抱到床上，她就老实了，就会又柔情似水了。

采访对象：李诚尉，男，三十岁

三十岁的男人经历了大风大浪，现在正是风平浪静期。我交过三个女朋友，第一个太小，连牵牵手都“过敏”。年轻的时候不知怎么就那么好那事，脑子里成天想着的只有性，那时候就是十分之十。可女朋友就是不给，把我折磨得好苦。好不容易有了一次亲密接触的机会，但从开始到最后，她一直在拒绝我，完了她对我说：“两个人在一起，你爱我、我爱你。什么也不干，就坐在屋前晒晒太阳也挺好，干吗要发生那事呢？怪恶心的。”到最后，我们“恶心”了三次，“恶心”地分手了。

第二个女朋友对性是麻木的，她从不主动要求，所以我摸不清她究竟需要不需要。而对性活动本身，她也没多大反应，也不配合我，就静静地躺着不说话，让我误以为自己是一个人在做爱。我们也是静静地分手。

第三个女朋友，后来成了我的老婆。我必须说明我的择偶条件：在爱的基础上，还要是一个最合适的性伴侣。

是不是经历了风雨才知道彩虹？收获了爱情，剩下唯一的追求就是事业，功成名就才是男人生命的精髓。性自然退居二线，大概十分之三四。

对了，你不说我倒忘了，又有好几天没伺候老婆了！

这位名叫伊人的二十五岁的女性说，可以因为一次美好的性爱而死。这让人想到了被称为当代最伟大的哲学家之一的“思想怪杰”福柯（他早年还当过心理医生，曾在精神病院工作过）的几句话。他对一个记者说：“我认为快乐是一件非常困难的事情，它不像欣赏自我那么简单。我梦想快乐，我甚至希望有那种过量的快乐，我宁愿为它而死去。对我来说，那种纯粹的、完全的快乐是同死亡联系在一起的。”福柯所谓“过量的快乐”，是不是也包括美好的性爱？因为他没有说，所以我们不太清楚。但是，他在五十八岁那年（1984年）死于艾滋病，却暗示了“过量的快乐”可能是指什么。这样看来，确实不止一个人愿意为他心目中美好的性爱而付出生命的代价。

不过，并不是每一个人都会认为性是极大的快乐。对一些人，特别是对一些女性来说，性并不是生活中不可缺少的东西，少数女性甚至认为，性是一种负担或者包袱。她们参与性活动，绝大部分是为了满足男性伴侣的需求，那位二十二岁的女性，她说性只占爱的十分之三，就是属于这一类人。不能充分享受性生活，是否就意味着生活质量不高呢？从心理学的一些调查结果来看，似乎并非如此。这可能有点像吃辣椒，有些人视辣椒如命，一餐不吃可能全身都不舒服，而另一些人一辈子不吃都可以。我们自然不会认为，后者的生活质量要差一些。所以，对性占爱的几分之几这个问题，不同的人可以有不同的答案。只要他自己觉得没什么不好，那随便他认为性占爱的几分之几都可以。但是，如果他觉得有什么他认为不好的东西妨碍了他享受性，如疾病、不合时宜的观点等，就可能需要想想办法来消除那些因素了。

即便是同一个人，在他一生中不同的时期，答案也会不一样。人的一生，从某种意义上来说是从没有性别发展到有性别，然后再从有性别发展到没有性别的过程，不管是在身体上还是在心理上都是如此。出生的时候，虽然男婴与女婴有“一点”之差，但这一差别从实用的角度来说几乎没有意义。婴儿也许已经有某种性欲，但这种性多半是自慰式的满足，不会把性指向他人。男孩女孩慢慢长大，青春期开始以后，就逐渐地“分道扬镳”，各自走各自的极端，于是男孩就变成了棱角分明、坚强有力的男人，女孩就变成了婀娜多姿、柔情似水的女人。然后爱情和与爱情相关的性活动就出现了。在性活动之中和之后，性别的分化会更加明显。或者说，性活动使男人更像男人，女人更像女人。随后的几十年中，性活动一直都是生活最重要的组成部分之一，也是一个人建构社会最基本的组成单位——家庭的最基本条件之一。中年以后，随着身体机能的缓慢下降，以及心理上性的神秘感的逐渐减少，性活动的次数也会减少，性也不再是生活中最重要的组成部分，男女又分别回归到几乎没有性别的状态。此时此刻，也就接近给人生画上句号的时候了。而另一代人，又在重复从无性到有性，再回到无性的历程，人类就这样在这个星球上世世代代繁衍生息着。对于一个二十来岁的男性来说，性活动可能是他生活中最重要的事情，他当然会认为性占爱的十分之九了。但是，在他六十岁的时候，他还会这样认为吗？可能不会。

男女相爱，性是绝对的基础。没有性，爱是不完整的，而性的本质是一种交流的方式。我们可以从不同的语言中看到对性本质的揭示。在汉语里，性交、神交等词汇，一看就知道包含着交流的意思；在英语中，intercourse 也是一样；德语 geschlechtsverkehre 是一个复合词，前半部分是性的意思，后半部分表示交通、交流。但性这种交流方式非常特殊，我们来打一个与信息技术有关的比方。我们把同学、同事和一般朋友之间的交流比作用电话线拨号上网，特点是速度慢，单位时间里交流的信息不多，用方言说就是“不过瘾”。普通的交流当然也只能止于此，一起吃吃饭，聊聊天，互相帮帮忙，还要经常讲点客气，说说谢谢什么的。而性交流呢，就好像上了宽带网，速度极快，单位时间交流的信息量特别大，让人有近乎眩晕的过瘾的感觉。在这种交流中，人的肉体的、精神的、社会的，甚至政治的、经济的等各个方面的信息，都以非同寻常的方式进行着全面而深入的交流，只要两个人都愿意，真正是可以“为所欲为”的。对交流的渴望是人的最本质的属性之一，从交流的广度和深度来看，性交流是满足这种渴望的最好的方式，别的任何交流形式都不可能替代它。

在爱情中，对男性来说，如果爱的成分过多，可能会对性关系造成不利的影响。因为在男性的性心理中，有一些攻击、虐待、占有的成分，这与爱的本意是背道而驰的。在一名自己过分爱恋的女性面前，男性的性冲动可能被削弱。比如一个圣洁的女性的形象，即使她非常漂亮，也不太可能唤起男性的性欲。所以男人的爱情有一些自相矛盾的地方。一方面，他会对一个他爱的女人有性的渴求；另一方面，如果他太爱一个女人，他对这个女人性的渴求就会减少。而那些他也许并不爱，但具有巨大的性吸引力的女性，却可能强烈地唤起他的性欲。有人根据这一点认为，男人天生地在道德上不如女人。但这是不公正的。道德是社会规则的一种，不能用它来评判像性这样的生理机能的优劣。

女性的性心理有些不一样，女性的性渴望跟爱联系得更紧密一些。也许没有爱的性活动会存在于很多女性的性幻想中，但那也只不过是幻想而已。女性的性欲会因为爱而被唤起，而且在充满爱的性活动中，她们才能充分享受性的乐趣。

正是这种微妙的差异，使男女之间的爱情和性关系曲折跌宕、变化莫测。也正是这无穷无尽的变化，使关于爱情的故事永远都不会单调和无趣。几千年来，每一代人都花费了无数的笔墨描绘他们的爱情，在以后的几千年内，人们还是会这样做。

渴望性但又得不到满足的人是不幸的。这对一个人造成的伤害，可以说是深入骨髓的。有研究显示，长期禁欲的人寿命明显短于有正常性生活的人。但从另一方面来说，性的过度满足也会带来很多心理问题。最直接的问题就是对性的厌倦感。

这种厌倦感经常会泛化，扩展到生活的各个方面，当然也会扩展到爱情之中，最后可能对爱造成伤害。所以那些纵欲的人，看起来是在满足自己的欲望，实际上可能是在扼杀自己的欲望，同时也可能扼杀自己爱的能力。

生与死、男与女，是每个人都必须思考的问题。但是关于男人与女人的性关系，也没有必要急于想得太清楚。参透了性的秘密之日，也就是丧失性的乐趣之时。性的神秘色彩是推动人进行性活动最大的力量，或者说是最有效的兴奋剂。

性毫无疑问是这个世界上最美好的事物之一。但不知道从什么时候开始，也不知道从哪个人，从哪里开始，性竟然成了丑恶的、肮脏的东西，在公共场所都不能言及。把人性的本能需要变得如此遮遮掩掩，实在叫人怀疑始作俑者的动机是否过于恶毒。但仔细想想，这样做也许有它的好处，至少会使性因为其神秘感而让人格外向往。不敢想象，如果性变得跟吃喝一样随意，那它是否还会有如此巨大的吸引力。不仅仅是出于伦理道德的原因，也从人类的实际幸福出发，我们希望这一天尽可能来得迟一些。

每个人的性经历，都应该是一个自己探索的过程，不应该速成式地被人教会。性给人带来的全部乐趣，也存在于这样的探索之中。同样地，每个人都需要用自己的亲身经历，而不仅仅是根据别人的感受，来回答性占爱的几分之几这个问题。答案是什么并不重要，重要的是必须是你自己的答案。

食与色都是人的基本需要。比较一下它们在爱情和婚姻中所扮演的角色会很有趣。一位女同事告诉我，当年她的丈夫追她的时候，随时可以从口袋里或者皮包里掏出几块高级巧克力来给她吃。她当时就想，一个对食物有很好鉴赏力的人，差也差不到哪里去。于是就跟他成了朋友，再后来就结了婚。有一些婚姻指导类的书籍，往往会告诉女性，你若要俘获男人的心，就要先俘获男人的胃。所以跟性一样，食欲在爱中也应该占有几分之几。

最后讲一个故事。一位美国士兵从海外回国休假，到了家里，他看到妻子留给他的一张字条，上面写着：菜在桌子上，啤酒在冰箱里，我在床上。短短的三句话，让人回味无穷，既包含了能够展示家的温馨的吃与喝，又有着含蓄缠绵得令人心醉的性，当然也有深沉的、无法用语言描述的爱。娶了这样一位妻子的男人，真是幸福得无以复加。

不管性也好，食也好，它们虽然都可以是爱的一部分，但绝不可能是全部。爱的领地是如此广阔深远，以至于你把全世界的一切东西都填塞进去，也不可能把其填满。

不对性活动做好坏、对错之分

台湾作家余光中写过一篇文章，题目叫作《我的四个假想敌》。文中说，他有四个女儿，他很爱她们。在她们都还很小的时候，他就在害怕有朝一日失去她们。失去她们最大的可能性就是她们一个个地恋爱了，结婚了。于是，他想象中那四个要追求他的四个女儿的男孩子，就成了他的四个假想的敌人。甚至当他走在公园里，看到一个只有一两岁，还坐在推车里的男孩，就会想这小子长大之后可能会追他的女儿，便立即有了在他脖子里撒胡椒面整整他的冲动。

他当然不会真用撒胡椒面的方法让与他争夺女儿的男孩子望而却步，使四个女儿最后都变成嫁不出去的老姑娘。但是，他的那些想法，却反映了天下所有父母对儿女成长的矛盾心理。一方面，父母希望儿女尽快长大成人；另一方面，儿女长大成人后与父母在心理上的分离，可以造成父母内心的巨大失落感。想想看，一个每天陪着你、没有你一天都活不下去的人突然一下子不需要你了，你在一个你最爱的人心中所占据的最重要的位置，突然被另一个完全不相干的人占去了，你怎能不忧伤甚至愤怒呢？

不要认为这些非理性的力量不会对事实造成任何影响。影响早就造成了，而且在代代相传。比如社会文化对青春期的年轻人在性活动上的限制，就是父母害怕失去儿女的焦虑在更大的时间和空间背景上的反应。正如余光中所担心的，如果没有什么其他意外，导致父母在心理上失去儿女的最大因素，就是儿女恋爱和结婚。恋爱和结婚的基础就是性。所以我们可以说，儿女参与了性活动，就意味着父母对他们的失去。

青春期指的是从十四岁到二十岁的那段时间。在这段时间里，人的生理和心理逐渐成熟，也就为参与性活动做好了准备。准备好了就意味着可以做，但也并不是说一定要做。到目前为止，婚姻仍然是唯一合理合法和合乎风俗的进行性活动的许可证。虽然准备好了，但要在婚姻之前或者婚姻之外进行性活动，总是会导致或多或少的内心冲突和现实冲突。内心冲突是指，我们做了我们自己认为本来不该做的事，由此而产生自责。自责的强烈程度与当事人的价值观有直接关系，人与人之间的差异可以非常大。现实冲突是指，我们周围的人，包括亲戚、朋友、同事等，认为我们做了我们本来不应该做的事，为此指责我们。被指责的强烈程度与社会的开放程度直接相关，在越是封闭的社会里，当事人被指责的可能性越大。性当然是美好的，但是，如果由性引起了过多内心和现实的冲突，那就不那么美好了。或者换句话说，一个人内心的和谐及他与他所处环境的关系的和谐也是很美好的，而且可能是更大的美好。所以“可以做”的人在“做”之前都应该想一想，如何使美好更多、更大，使不美好更少、更小。

少男少女从相互爱慕到肌肤相亲，最后会走到哪一步，实在是他们自己和旁人都无法预料的事情。如果他们的身心是健康的，那他们的冲动肯定是很强烈的。对男孩子来说，十七岁左右是他性冲动和性能力的最高峰。许多性冲动和性能力都相对衰弱一点的成年的已婚男性，尚且不能完全驾驭自己的性生活，那么要一个未婚的、生机勃勃的男孩“收发自如，适可而止”，就显得不仅仅是要求过高了，在某种程度上简直是有些残忍了。对女孩来说，冲动来得要迟缓一些，但性是两个人的事，她能保证在两个人的世界里完全控制局面吗？成年人都是从少男少女过来的，回首往事，你们觉得那个时候容易吗？

儿女们在潜意识层面也会感觉到婚前进行性活动是对父母的攻击，在象征性层面，也意味着对社会的攻击，因为社会就是一个扩大了的家庭。一个极端的例子是，父母对子女不好或者要求太严，或者子女在社会生活中遇到了太多的挫折，他们便可能会选择早恋，甚至会选择用把自己“交出去”的方式——性活动——对抗来自父母和社会的压力。在这种情形下，纯净的性的驱动力被污染了、扭曲了，就有可能导致比单纯的性活动所造成的后果更为严重的后果，如纵欲、滥交、性变态、反社会，等等。

讲一个故事。我在德国的博士生导师有一个女儿，美丽动人。有一次导师来武汉，住在我家里，晚上喝酒吹牛，他谈到了他的女儿。他说，我上次到他家去的时候，他女儿还没有男朋友，是他们班少数没有男朋友的女孩子之一，当时他和他妻子还有点替她着急。现在她有男朋友了，她男朋友还经常住在他们家。我问："他在你家是与你女儿住在一起吗？"他说当然。我又问："你没有什么意见？"他说没有，只要他们做那件事情时声音小一点就可以了。见我听得目瞪口呆，他就又解释说："我当然不能干涉他们，我妻子十六岁的时候就跟我在一起了，现在我女儿十九岁，我能不让她和她的男朋友在一起吗？"我连说对对，心里却在想，中国有不少父母也是十几岁就谈恋爱，却仍然没有影响他们反对十几岁的子女谈恋爱。

好像没有哪个法律或者道德的条文白纸黑字地规定，未婚者不得发生性行为，这个规定是无形的、约定俗成的。虽然它可能导致这样那样的问题，虽然人们不可能都遵守它，但它也有积极的意义，因为它是我们整个道德体系的一部分，遵守它可以使我们的心灵更加宁静、和谐。更为重要的是，我们不能因为它有不合理的成分就想一夜之间打倒它，也不能主动提倡与之相反的价值观和行为方式。

性之所以是个问题，是因为我们太把它当成问题了，或者用福柯的话说，在我们的"凝视"之下，性从一个小问题变成了一个大问题。对于婚前性行为“做还是不做”这个问题，我们在思考它和讨论它的时候也要注意，不要人为地把它弄大了。而且从讨论的最后结果看，根本没有可能得出一个结论说可以做或者不可以做。也许让它成为一个疑问摆在那里不做定论要更好一些。这就是中国文化最了不起的智慧之一，叫作“不了了之”。

在看了其他人七嘴八舌的讨论之后，做还是不做，仍然要由你自己决定。不管你的决定是什么，都请不要用对和错、好和坏这些字眼来评判。除此之外，如何评判，也请你自己决定。

在男女成长过程中，性都是以问题的形式出现的

世界是分别怀着弄璋和弄瓦的心情企盼着男孩和女孩的到来的。璋者，美石也；瓦者，纺锤也。生男生女的高低贵贱、喜怒哀乐之别在这样的企盼中显露无遗。如果企盼随着孩子的出生、性别的确定结束了，那也不会引起重大的后果。但事实却并非如此。从女孩唱着只有她自己才能听懂的歌来到这个世界上时，世界就以数以千年计的经验为她设计了一个可以预见的未来。

为了防止意外发生，对女孩的里应外合的控制是必需的。在里面，构筑女孩精神大厦最高层的材料，就是世界对她的企盼本身。这一招高明而有力。当她的愿望和世界的企盼完全一致的时候，世界还有什么可以担心的呢？在外面，各类规则绘制的纵横交错的线条，像一张铺天盖地、疏而不漏的天网，在

她想冲破世界企盼的压制时，天网会用近乎机械性的手段把她限制在原地。

那么世界是谁呢？世界似乎就是男人，男人就代表着整个世界。虽然从数量上看，男女基本相等，但在世界之所以成为世界的许多重要方面，男人是它的代表或象征。

男人的世界为什么会对女人如此防范，这有许多种说法。较为经典的说法是，男人防范的其实是他们自己。在内心的最深处，男人对他们身体上那一截突出物随时丧失的可能性满怀恐惧。在他和女人的关系中，那截突出物是被包裹、被吞没的，最后在支付了“赎金”以后才得以脱身，但那时已经是软弱不堪了。这一切都具有恶劣的象征性意义。对抗这些恶意，以便证明自己的存在与坚强，是男人一生最重要的事业。他们所做的一切事情都与这一点脱不了干系。极端的例子是，那些声称自己不需要女人的禁欲主义者，他们连他们自己都不明白的潜台词是：我宁可放弃做人的资格，宁可地球上一百年后只有飞禽走兽繁衍生息，也不想变得渺小疲软。但这样的男人毕竟只是少数，更多的男人则寄希望于限定女人的力量、压抑她们的冲动、控制她们的行为，以便自己能在任何时候、任何情形之下都相对地强大一些。

男人的世界把女人看成异类，实在是所有偏见中最大的偏见。因为在这个有千万个物种的星球上，没有任何物种比女人更像男人了。

在环境已经如此艰险的情形下，成长中的女孩还要面对很多内部的问题。身体上少那么一点，会被她象征性地理解为一种先天的“缺陷”。认同这一缺陷，是她成长中的重要任务。当她意识到自己跟妈妈一样，而跟爸爸不一样时，恋父情结也许就开始起作用了。这就是为什么人们经常听到三四岁的女孩声称自己将来要跟爸爸结婚。我们不能把这一现象仅仅理解为她们在这个年龄还不清楚结婚意味着什么，因为这并不重要。重要的是应该想一想，在她们长大以后，她们的这些愿望到哪里去了？是怎么样去的？一种普遍认可的回答是，这样的愿望被人类千万年来形成的一些规则压到了心里深处无法看得见的地方了。虽然看不见，但却会以同样不为人察觉的方式发挥着作用。很多女孩最终爱上了或者嫁给了一个像她父亲的男人——不论这个男人是学者还是酒鬼，只要像她父亲一样做学问或者酗酒就行——就是证明这一假设还有一点道理的证据。

找一个像父亲一样的男人并不是一件很困难的事，因为男人之间的差异并没有我们想象的那么大，或者说，男人的“品种”并没有我们想象的那么多。问题在于，“下意识的爱”如何变为“有意识的爱”。“下意识的爱”是受不为人知的力推动的，能量时大时小，方向时东时西，充满变数，难以控制，在这种爱中的女人多半会重蹈她母亲的命运，不论是好还是坏，她都会十分乐意接受。“有意识的爱”是由理性主宰的，内在的冲动被有分寸地限定着，这使爱作为一门艺术成为可能。

不论是男孩还是女孩，在他们的成长过程中，性都是以问题的形式出现的。在他们的所有愿望中，最经常受到严重打击的往往是性的愿望。任何满足性的需求行为，不是被事先警告不可为，就是事后受到惩罚。唯有婚姻内的性，才是可以接受的方式。至于婚姻在多大程度上异化了性，同时也异化了人性本身，这是另一个需要讨论的重要问题。（不过人类对待重要问题的态度恰恰是不予讨论。比如几千年来对性问题的态度。）

性之所以是一个问题，在很大程度上是因为我们把它当成问题来看。而且为了维持其作为问题的稳定性，我们又以它为中心制造了千百个问题，以便千百倍地增加解决性问题本身的难度。

男人给性设置了很多章法，而经常违背这些章法的又是男人自己。在这种情形下，女人是极好的迁怒对象，就像醉酒的人在清醒之后迁怒于酒一样。“万恶淫为首”还有一点各打五十大板的意思，而“女人是祸水”则是迁怒的铁证了。虽然孔夫子做过不迁怒的圣训，但也没有阻止女性同胞背两千多年的黑锅。

把性作为一个道德问题几乎跟把吃作为道德问题一样荒谬可笑。另一位圣人孟子说，“食、色”都是人性。它作为道德问题已经存在了几千年，“德高望重”，以至于是否尊重它本身也成了一个道德问题了。这里需要提出来以便做出调整的问题仅仅是女性的哪些性观念因为滞后于时代的发展而导致了心理问题。毕竟心理学不是伦理学，伦理学有它自身的发展规律，心理学会涉及伦理学领域的某些部分，但在任何情形下都不会反抗伦理学的核心体系。

在某些极端的男人眼里，女人不是圣女就是荡妇。两种看法都是为了避免在心里引发由性产生的焦虑感。因为圣女实际上是没有性别的中性人，大约与男人中的“圣人”雷同；荡妇则是需要男人的女人，她们自会投怀送抱，他们只需要从容面对，坐看云起云落。男人这些看法，会在言行中流露出来，对女人有着强烈的暗示作用。很多女人会不自觉地选择成为外表上的圣女，然而内心的冲动并没有因为看起来像圣女而有所减弱。所以，一部分女人的愿望和真实的她们之间，存在着巨大的裂隙。这就是很多女人具有双重人格的原因。

千百年来，男人从根本上来说并不了解与他同床共枕的对象。尽管也有许多代代相传的经验，但那些经验多半是由偏见构成的。又奇妙又可笑的是，在有关性的事件上，偏见不仅没有坏处，反而经常像一剂剂效力极强的春药刺激着激情的产生，把本来事关物种延续的严肃问题，调理得既神秘含蓄又浪漫多姿。尽管有很多人对性心理学感兴趣，但没有人会在make love on a long hot summer’s night（歌曲《卡萨布兰卡》的歌词）时想到激素的作用机理或者弗洛伊德的力比多理论。所以我们有充分的理由认为，那些根植于我们心中的偏见是祖先们出于对我们的好意而编造的，同时又是我们乐意接受的。

在男人的世界里，女人反抗规则的方式是多种多样的。女性在性爱中普遍存在受虐倾向，这是典型的被动反抗。在受虐中，她不仅强烈地感到生理需求的满足，还面带嘲讽地看男人破坏他自己制定的规则，以此获得心理上被接纳、被重视的愉快感。

另一种反抗方式就是表达激情。无论用什么方式，文字、舞蹈、歌咏等，只要是有突破传统的倾向，都可以理解为反抗规则，表达激情。这并不意味着规则是不可以反抗的。恰好相反，这些规则存在的意义之一，就是让我们在反抗它们时得到锻炼和成长。需要注意的是，我们并没有必要仅仅用激情反抗规则，因为激情与规则相遇，就像正负物质相撞一样，结果就是湮灭，巨大的空虚感由此而生。另外，激情的表达有十分重要的个人经历方面的因素在起作用。也就是说，一个女性在成长的过程中受到规则的压制越厉害，她的需要越无法得到满足，那她表达激情的程度可能就越强烈。拿文字表达来说，假如分别让一个酒足饭饱的人和一个饥饿的人各写一篇描绘美食的文章，后者可能会写得更加“激情”飞扬一些。但经常发生的情形是，女性往往被压制得连表达激情的愿望都没有了，这比表达了激情之后的空虚更为可悲。

生育是女性生活史上最重要的事件。对某些女性来说，溺爱孩子是她们拒绝成长的重要方式。她们代替她们的孩子生活，为孩子操办一切，与孩子在心理上合二为一。在爱的名义下，她们这样做可以满足她们用其他方式不可能得到满足的需求。但这样做可能留下无穷的后患，并且伤害到几个人。

对现代女性而言，来自事业的压力似乎也是一个问题。其实与其说这是一个问题，还不如说是一个机会——一个可以改变游戏规则的机会，一个可以使女人也像男人一样，或者说与男人一起代表和象征这个世界的机会。

当规则对男人和女人完全一样的时候，世界会是怎样的呢？

那可能是我们无法预知的世界。

好妻子建起了情感隔离墙

欧阳青是我大学时的同学。我们的关系一直很不错。她在大学二年级时就有了男朋友，名叫孙刚，是她高中时的同学，在这个城市的另一所大学念书。孙刚经常到我们学校来看欧阳青，我们经常一起做一些事情，有时候孙刚还在我们寝室留宿，久而久之，我们也成了很好的朋友。大学毕业后，他们两人都分配到南方一个大城市工作，再后来就结了婚，有了孩子。

毕业十多年来，我们一直保持着联系。半年前，欧阳青到我居住的城市公干，在参观了母校之后，我提出打电话叫几个老同学来陪她吃饭。以前她是会马上答应的，可这次她却摇了摇头，一脸严肃地说："不了，我想单独跟你谈谈。"

我开始有点警觉。我是心理医生，除了在医院给来访者做心理咨询以外，熟人、朋友甚至亲戚，找我解决心理方面的困惑也是家常便饭。但从心理咨询的基本原则上说，这些人是不适合找我的，他们应该找他们不认识的人。我估计现在她可能有些个人的事情要找我谈，这是我不想干的事情，于是我跟她嬉皮笑脸，说：“怎么，想‘鸳梦重温’啊？”

欧阳青扑哧一笑，说：“去你的吧，谁跟你有什么鸳梦啊？”说完脸色马上又变得抑郁，低着头沉默着。我知道自己是逃不出这一“劫”了，只好投降。找了个咖啡馆坐下来，各自点上饮料之后，她说：“我和孙刚现在简直就过不下去了，最近正在考虑离婚的事情。”

我听后大吃一惊，曾经被认为天作之合的一对竟然也可以弄到这步田地。但我还是想着她应该找不认识的心理医生谈，而不应该找我，就继续调侃说：“早跟你说孙刚那小子不如我吧，要是你当年跟了我……”

欧阳青的眼泪阻止了我继续说下去。她是个外柔内刚的女人，我们打了这么长时间交道，这是第一次看到她哭。我有些不知所措，心想，这活儿不管怎么难干，那都得干了，走一步算一步吧。于是我说：“我刚才的话的意思是，我们之间太熟了，无法保证不把自己卷到你们的矛盾中去，所以很难做到客观公正，但你若坚持要讲给我听，我先听听也可以。”看到我认真起来，她开始慢慢地讲她的故事。

欧阳青说：“我们结婚之后很多年，都是很幸福的。但自从三年前他辞去公职自己办公司开始，我们的关系就慢慢变坏了。他工作很忙，几乎每天都早出晚归，这我都能理解。但我不能理解的是，他越来越喜欢冲我发脾气，有时脾气发得简直到了莫名其妙的程度。举个例子说吧，他晚上很晚回来，我很少问他干什么去了、跟什么人在一起，等等。夫妻嘛，当然需要有点基本的信任，可他倒好，这成了他经常指责我的证据。他说我不关心他，甚至说他有一天横尸街头我也会无动于衷。我哭笑不得，想多少夫妻都是因为妻子对丈夫的行踪过于好奇而导致关系破裂。可我又想，那好啊，改变这一点也不难，我多问问不就可以了吗？可实际上也不行，后来我即使用最温和的语言问他那些问题，都会被他认为怀疑他有什么不轨，他经常会勃然大怒，吼叫声可以半夜把孩子从睡眠中惊醒。”

喝了一口茶，她接着说：“我们的关系就这样了，但该做的事情我还是尽量做好。婆婆做手术住院一个月，他最多去看了四次，而且每次都是待几分钟就走，我却几乎每天下班后都去照顾她；公公小腿骨折，我把他接到我家照料了一个月。这一个月里他的态度要好点，因为如果他冲我发脾气，公公甚至可能会拿起棍子揍他，所以他有些收敛。公公婆婆都骂他：‘你是前世修来的福分，找了这样一个老婆，可你还不珍惜，是不是鬼迷心窍了啊。’但不管怎么说都没用。公公婆婆的肯定我还是觉得很安慰的，可日子还是要我俩过啊。”

我努力在脑海里回想孙刚给我的印象，回想起来的都是好的印象，如大气、开朗、聪明等，这些无论如何都与欧阳青说的不一样，就好像是两个完全不同的人。唉，两个人在婚姻这种极其特殊的关系中，真的可以互相把对方要么制造成天使，要么制造成魔鬼。

欧阳青越来越抑郁，声音越来越小：“关系这样了，我还是一如既往地照顾他，几乎是无微不至。但他从来就没有哪怕一丝一毫的感动。孩子学习的事他从来就没管过，我甚至怀疑他知不知道孩子现在上几年级了。对孩子的态度也是时冷时热，好的时候宠爱得没边，坏的时候又打又骂。”

沉默了一会儿，欧阳青用升高了调的声音对我说：“我是想清楚了，对他父母、他本人和孩子，对我们的婚姻，我可以说是仁至义尽，不管是继续过下去也好，还是离婚也好，我都问心无愧。”

我点头表示同意，但还是觉得有什么不对头。她最后一段话里的两个词语引起了我的注意：仁至义尽和问心无愧。我体会了一下孙刚面对这两个词可能有的感受，很快就觉得心里堵得慌。在思路变得清晰之后，我开始提问。

我说：“你真是好媳妇、好妻子、好母亲啊，当年要不是孙刚那小子捷足先登，那就该我幸福了。别生气，我说的是认真的。但有一个问题我想问一下，你说你仁至义尽，我想知道，你做了那么多好事，在多大程度上是为了别人好，在多大程度上是为了让别人无话可说，或者说在多大程度上是为了自己安慰自己呢？别马上回答好不好，想五分钟再回答好吗？”

欧阳青没有等那么久，她立即面露怒色，反问道：“人做了好事你还觉得他动机不纯啊！善恶都分不清楚，你还当什么鬼心理医生。”这是预料的结果之一，所以我马上回答说：“好，好，你先别生气，生气完了以后想一想，再回答我的问题，这肯定会有帮助的。”

我点上一支烟，假装专心致志地在那里吞云吐雾。这次沉默的时间远远超过了五分钟。对任何一个人来说，意识到自己从来都没有意识到的东西，所产生的震惊与困惑是可想而知的。在脸色由阴变晴再由晴变阴地变换了几次之后，欧阳青叹了一口气说：“唉，也许我那样做真的多半是为了保护自己，不让别人有闲话说，也不让自己觉得自己不对。”

我接着问：“如果在工作单位，你面对一个成天都在习练‘仁至义尽、问心无愧’的‘功夫’的人，你会有什么感觉？”欧阳青想了想说：“那我会觉得这样的人很假，离我很远，好像有什么很厚的东西把我们隔开了，甚至会觉得这样的人很讨厌。”然后她反问道：“你是说孙刚对我也会有这样的感觉吗？”

我没有正面回答她的问题，她能够这样问，就已经表明她有所领悟了。我接着提问：“假如两个人同在一床被子下面……不，对不起，同在一个屋檐下，一个人是仁至义尽、问心无愧的好人，另一个是喜怒无常、无恶不作的坏人，那情况会怎样？”欧阳青想都不想就说：“那完全水火不相容嘛。”

我接着说：“你们的关系走到这一步，也许是这样一个过程，先是他的工作情况的变化，你没有足够的适应，你把对他的意见隐藏了起来，用只顾自己做好，或者说用‘仁至义尽’

把自己包裹起来，所以后来两个人越来越远。而孙刚那小子没学过心理学，你‘隐身’成一个好人而不是一个老婆之后，他找不到老婆了，也就只好发脾气了。谁愿意自己的老婆仅仅是一个道德楷模呢？”

欧阳青笑了，但马上又不高兴了，问：“那他就一点错误都没有吗？”我说：“当然有，而且错误大大的。但他没找我，为了‘问心无愧’，我不说他的坏话。我到时候单独跟他说，或者你看需不需要找几个老同学去揍他一顿？”

欧阳青笑得弯下腰来。这让我看到了大学时代那个率真的女孩儿的影子，而不是刚才印象中离丈夫越来越远的妻子。她又问：“那我该怎么做呢？”我说：“好事情继续做，但也让丈夫做点好事，好人和坏人是睡不到一起的，好人和好人才能睡到一起嘛；然后看着他的眼睛‘问心有愧’地说‘我爱你’。至于有什么‘愧’我就不说了。”

这次谈话之后四个月，我去南方开会。孙刚、欧阳青夫妇请我吃饭。见到他们时，看到的是欧阳青自然地挽着孙刚的手，吃饭的时候，孙刚一脸笑容地点了一道欧阳青最喜欢吃的三文鱼片。饭后分手，我在出租车上看到他们又手挽着手向我道别。

我知道，那个把他们隔离了很久的墙已经坍塌了。

05

没有深情，就没有真正的深刻

成为真正的“人的医生”

没有深情，就没有真正的深刻

二十多年前，我在《中国青年》杂志上首次读到对弗洛伊德的介绍，觉得此人把别人想说但却不敢说的话都说了。那时年轻，什么都缺，就是不缺乏勇气，所以觉得也没什么。当时也不知道是什么动机，竟然把那篇文章的大部分内容都抄了下来，经常翻看。当然那些文字实在太少了，不足以满足一个还算好学的年轻人的求知欲，于是就走访了武汉几所最大的图书馆，寻找弗洛伊德的书，全被告知没有。以后间接地从其他书中，如《朱光潜美学文集》等，读到了更多的精神分析的东西，兴趣日增，慢慢地在大学才上了一半的时候，就决定了自己未来的职业方向：做精神科医生，做心理治疗师。

那个笔记本还压在书箱的最下层，已是很久没有去看它了，因为现在有很多第一手的东西可看。从 20 世纪 80 年代中期开始到现在，弗洛伊德的大量书籍被译成中文，我不敢说全部都读了，只敢说读了大部分。这种阅读，就不仅仅是因为兴趣了，还因为日常工作的需要。

很多中国同行觉得，弗洛伊德的专业文章很难读懂。实际上他的著作的德文原文是很好懂的。有点滑稽的是，好懂这个特点，既导致了很多人对他建立的理论的崇拜，也让很多的人反对和讨厌它。与此对应的是，相对论除了难懂还是难懂，却使爱因斯坦除了受尊敬还是受尊敬。这是人性的特点之一：好懂的东西没有了神秘感，你可以任意评判它；不好懂的东西本身就是迷人的，你根本不需要懂它，就拜倒在它幻影般的外表之下。

精神分析在世界的迅速传播，在相当大的程度上得益于弗洛伊德优美的文字，他本人还因此获得过德语国家的最高文学奖之一——歌德文学奖。难读的原因在于翻译，不是因为翻译得不好，而是由于表达习惯上的不同，使得很简单的德语在翻译成汉语后就变得别扭和晦涩。

读弗洛伊德，特别是用专业的眼光读他，心灵经常会受到剧烈的震撼。他用丝毫不带情感的词汇、语调和节奏，描述了被人类几乎完全忽略了的世界，即潜意识层面的战乱纷争和腥风血雨。你开始的时候真的不太敢相信那是真的；到了后来，你又不得不相信那是真的；再后来，你一定会觉得它其实是很管用的。

对非专业人士来说，享受弗洛伊德的著作所带来的愉快感是没有问题的。至少弗洛伊德创造的若干术语，能够满足部分人“知道的术语越多就越有知识”的潜在需要。但是，精神分析是来自临床，并且又反过来可以指导临床工作的理论。再说简单一点就是，它本来就是一种治病的东西，如果没有在精神分析设置下所做的心理治疗作为基础，就很难说真正地读懂了弗洛伊德或者精神分析。

弗洛伊德的确能够极大地满足人的“哲学瘾”，而学过精神分析的专业人士也常常会有利刃在手的感觉，面对纷繁的人的潜意识世界，不再感到那么慌乱、迷茫和无助。弗洛伊德的深刻，经常让分析者和被分析者同时都感到刀刃刺入肌肤的疼痛。当然，就像外科手术的疼痛一样，这样的疼痛也是使人变得更加健康的必由之路。

在用着弗洛伊德的工具的时候，我常常会猜想他是怎样的一个人。他的专业著作带给人的感觉是，这个人一定是个不食人间烟火的、冷漠无情的怪物，自然地就对他有了鄙视之心，因为按照中国人的理念，一个只生活在思辨领域，而全然不知享受山水、美食和生活琐碎的人，境界定然不会高到哪里去。

深刻是智力的结果，高智力从来就不是稀罕之物。况且，一味地深刻，总给人虚弱、偏执、僵硬和小气之感。

《弗洛伊德游记》让我们看到了弗洛伊德有血有肉的那一面。在这一面里，他用曾经写过《少女杜拉的故事》的心灵和笔触，描绘了山川海洋、风土人情和日常琐碎。在这里深刻消失得无影无踪，剩下的全是深情：对他曾经那么深刻剖析过的人、事物和生活的深情。

透过弗洛伊德钟爱的雪茄烟的香味，再看他书中“移情”（准确的翻译应该是“转移”）那两个字，感觉变得全然不同。原来他的深刻是有那么多的深情垫底的。雪茄的浓烟像一双柔软的手一样抚慰着被深刻之刀切割的肌肤和灵魂，舔着血、止着痛、给着爱。慢慢地，创伤被抚平，冲突也变得能够承受。到最后，都不知道到底是深刻还是深情导致了心灵的变化。我固执地认为，一定是深情起了最关键的作用。

没有深情就没有真正的深刻。就像你如果没有深爱过一个女人或男人，你就不可能真正了解她或他一样。我们甚至可以说，深情的疆域比深刻要大得多，深情包含着深刻，深刻只不过是深情的一部分而已。当我们深情的时候，就正在深刻着或者就已经深刻过了。

烧窑的师傅有一个经验：如果长期烧制欣赏用的艺术品，人慢慢地就会变得小气；要时常也烧些日常生活用品，如吃饭的碗、喝茶的杯子等，才能平衡对艺术的整体感觉。后者其实就是增加对生活本身的感情的一种努力。

做学问，特别是从事心理医生这个职业，专业的学习固然重要，但更重要的还是要具有对人、人性和人生的深情。借着《弗洛伊德游记》里的文字，我们试着从那些司空见惯的事物之上，重新体验我们和它们之间曾经被忽略了的紧密和温暖的关系。

深情改变了我们，也会改变我们周围的人和事。

有如此深情相伴，我们从此就都不再孤独了。

心理治疗的误区与方法

从修正性情感体验谈起

美国一位心理治疗师讲过这样一个故事：几十年以前，一位匈牙利裔的治疗师在美国写了一本书，书中谈到了要给病人以修正性的情感体验。也就是说，病人在成长过程中缺少了什么情感体验，治疗师就应该在治疗过程中给他相应的情感。这个观点一出，立即遭到了前所未有的攻击。以至于在其后的学术争论上，攻击对方给病人以修正性情感体验，成为一个心理治疗师能够使用的最为恶毒的语言。

这一故事给我万千感慨，主要有三点：

第一，别人的心理治疗确实比我们先进很多。如果是想当然式地想想，给病人以修正性情感体验，绝对是医者无私奉献、道德高尚的表现。其实不然。因为这种施舍式的方法缺乏建设性，不利于患者的人格成长。但是这种错误只有在实践中才可能被发现，如果仅仅在理论框架里争论，那位匈牙利裔医生绝不会落到被众人喊打的田地。纯理论上，争论的阵形经常是一对一的。

第二，如果我们全都没有听说过这段历史，如果没有与西方国家在心理治疗领域的交流，在将来的某一天，说不定就会有中国的心理治疗师提出要给患者以修正性情感体验的观点。因为这一观点有浓重的中国文化色彩。比如我们经常说，要把病人当亲人，对病人的关怀要无微不至，病人的需要就是我们的理想，等等。这里的每一句话，都与修正性情感体验沾边。在武汉市的一家大医院门口，有一面墙壁上写着斗大的字："一切为了病人，为了病人一切，为了一切病人。"话是写得很有气魄，但稍显大包大揽了一点，把医生的主动性夸大了，把病人完全弄得被动了。我们可以试试在每一句话前面加上"我们"二字，即变成："我们一切为了病人，我们为了病人一切，我们为了一切病人。"这是典型的以医生为中心的医疗模式，也可以称之为"修正性医疗服务"。

第三，我最羡慕的还是他们那种百家争鸣的热闹劲儿。不断有新的东西出来，不断听到赞成或者反对的声音；在理论上曾经被基本肯定的东西，又可能被新的实践所推翻。如此反反复复，水涨船高，造就了一大批响当当的人物，心理治疗事业也得以长足发展。而我们呢，很少有人弄出点新东西，即使有人弄出来了，如湖南杨、张两位教授的道家心理治疗理论，欢呼的和挑毛病的声音却都很少。人烟稀少或者人心淡漠到了架都吵不起来的程度，实在可悲可叹！

这是我第二次谈到“吵架”。我是一个“好战分子”吗？不是。我工作十二年来，几乎没有跟人红过脸。少纯说，他不认为目前有什么好争论的。我懂他的意思。打个比方，我们是几只被装在一个大篓子里的可怜的有思想的螃蟹，各只之间都有偌大的空间，互相敬而远之，当然不会有冲突。但是如若再放几十或者几百只螃蟹进去呢？恐怕想不打架都不行。那时候我说不定要呼吁和平共处了。让虚的上火，让上了火的拉拉肚子，这有点中医的味道。写到这里，我突然发现我希望争论的想法是错误的。争与不争，也许均应顺其自然。

荣格和“他的”东方思想

一般认为，荣格是西方心理治疗大师中受东方思想影响最深的。但是我最近重读了他的一些论著以后觉得，这种看法并不正确。也许我们应该说，荣格只是受了东方思想中与他本人的思想相近的东西的影响。这不能不让人怀疑他这样做的潜在的功利主义动机。也就是说，他可能只是为了证明他思想的正确性，所以利用了东方思想。

以上所说的荣格式的东方思想，指的是东方思想中带有神秘主义色彩的部分，如道法、佛法等。但是东方思想最核心的内容应该是儒学而不是其他东西。我实在是想不起来，荣格是否在他的哪一本书中谈到过儒学。也许他根本没办法谈，因为儒学的思想与荣格的思想完全不同。从这一点上来说，我们怎么能够认为荣格受东方思想的影响很深呢?

聪明睿智如荣格者，在对东方思想的理解上尚有如此片面之处，其他的凡夫俗子对东方文化有如此等等的误解，也就不是什么意外之事了。如果我们对荣格有一点点失望的话，那我们对其他一些西方人对东方思想的误解则可能表现出极大的愤怒。那些来中国的西方人说得最多的一句话就是，他们对中国的一切表示惊讶。中国似乎应该是他们想象中的那样，而不应该是现在这样。在这种情形下，而且在其他很多情形中，他们是主动的观察者，而我们是被观察的某种物体。我个人所经历的一个极端的例子是，一位刚到武汉五天的搞血液研究的西方人来我们医院参观，在交谈中说，他一到中国就觉得中国人有很多性方面的问题。我问他有什么证据没有，他说他凭的是感觉。看到他那种自以为发现了某种真理的样子，我想与他争论的冲动完全被我的愤怒和鄙视淹没。即使在时隔多年之后的今天，我也不屑于用我所学过的一些心理学知识来分析他这些看法背后个人的变态的原因，甚至不想通过解释让如此愚昧无知之人变得通透一些。我只是想说，我们必须培养自己民族的和个体的主体意识，而不仅仅成为被别人观察的对象或者客体。更重要的是，我们不必太在乎别人观察的某种结果。总有一天，当然最好是此时此刻，我们也作为主体来观察一下他们，并且也说说我们对他们的看法。

关于概念

有人说，心理治疗的操作性概念还很有限（所谓的话语空间狭窄），以至于不足以描述心理治疗过程中的各种现象，包括病人心理的和治疗师心理的现象。那么我们不禁要问，不知要有多少操作性概念或者要多宽的话语空间才足以描述心理治疗过程中的各种现象？而从心理治疗过程的复杂性来看，似乎再多的概念都不足以将其精确地描述，更何况定义太多的专业概念，于同行之间的交流并不是好事。

还不如将心理学的专业术语进行一次非常专业化的处理，使心理学拥有跟一般语言同样宽广的话语空间，这一话语的空间几乎是无限宽广的。这样做应该更利于同行之间的交流，也利于大众对心理治疗理论的接受。过于繁复的术语概念体系也是优秀的临床治疗师无法推广他们的经验的重要原因。

在心理治疗领域，我们应该防止概念肢解我们的思维，捆绑我们的感受，限制我们的情感，以及僵化我们的行为。

古代中国社会过度文明，我所认为的过度文明的标志是：

1. 社会规则的数量和强度超过了它调节人与人之间关系和维持社会稳定的需要。

2. 社会对个人的要求超过个人作为人（仅仅作为一个对社会适应良好的人而非圣人）应具备的标准。

3. 个人会因为他在思想意识上符合某些社会标准而得到物质上的奖赏。

4. 过多的人从事非生产性的工作。

如果用以上标准来衡量，中国古代社会无一不符合。这里我们也许无须一一论证。作为心理治疗者，我们应该认真思考的是，过度的社会文明给个人带来了何种幸福与灾难。从感觉上来说，我至少认为灾难多于幸福。

鲁迅曾经用他独特的、犀利的语言风格给文化下过一个定义，说“文化就是限定”。在很多情形下，文化和文明可以通用。根据这一定义，中国古代社会就是一个被过度限定的社会。这对个体人格的发展显然是“过度”不利的。

理解和体会

理解是在你疼痛的时候给你一粒止痛药，体会是陪着你一起疼痛，一起流泪。

十五岁的时候读唐诗是理解，四十五岁时读唐诗是体会。

理解万岁，而体会的生命犹如昙花，因为体会了太多就会累死。

我们理解了一个人，就为操纵这个人提供了前提，而我们体会了一个人，我们就会与这个人融为一体。

与理解对应的功能器官是大脑，与体会对应的是整个身心。

理解像一把手术刀，把对象肢解开来，体会则把所有的部分连成整体。

理解是逻辑，体会是情感。

物理学需要的是理解，心理学需要的是体会。

自我分析的超越

要成为一个精神分析师，自我分析是必需的一个过程。在西方国家，精神分析师自我分析的时间是六百到八百小时。绝大部分从事心理治疗的同行认为，缺乏自我分析经历的心理治疗师是我国心理治疗事业发展的一个瓶颈。我个人也持这种观点。但是，这一问题从目前的情况来看不是一下子能够解决的，而我们的患者不能等，心理治疗的事业不能等。我们也必须找到一种相当于自我分析，甚至可以替代自我分析的方法。

我曾经问过德国资深精神分析师、中德高级心理治疗师连续培训班的教员贝克教授：弗洛伊德也没有在别的治疗师那里做过自我分析，但这并不影响他成为一个优秀的分析大师，这是为什么呢？她回答说，弗洛伊德通过长时间不间断地分析自己的梦，理解了自己的潜意识，从而达到了与在其他心理治疗师那里做自我分析同样的效果。这一回答不仅很巧妙，而且也是事实。这个事实对中国的心理治疗师来说，几乎是一种新的体验，因为这样一来，我们至少有两种方法使自己成为一个合格的精神分析师：一种是现在各个国家通行的做自我分析的方法，另一种是像弗洛伊德一样分析自己的梦。后一种方法，想做的人都可以做，不必飞越千山万水、背井离乡，也不必支付高昂的费用。当然心灵需要付出的艰辛很可能要稍大一些。盛晓春曾经记过几年时间的梦，听说写满了几个笔记本。至于他是不是用弗洛伊德的方式来解析梦，就不得而知了。

还有第三种方法吗？我想了很长时间也没有想出来。女儿的出生，使我终于想到了第三种方法。这一方法就是，观察女儿的成长，并且与我自己的成长反复地做比较，使自己重新过一次童年，重新走一次人格成长的路。我坚信这即使不是最好的方法，也会是一种很好的方法。

更进一步说，如果对一个问题有了三种解决方法，那么我们就应该对找到更多的方法抱有信心。特别是在中国传统文化中，一定能够找到很多自我分析的“替代品”。

道不远人，是我们要镌刻在潜意识之中的一句话。

“你自己在活着”是使人生变得更加真切充实的清醒剂

一次，我从德国绕道美国后回国。在美国期间，很多的亲友劝我就此留在美国。理由多种多样：美国的心理治疗学术水平很高，你可以学到任何你想学的东西；生活水平不错，只要有一份好工作，汽车、洋房不是问题；孩子可以受很好的教育；等等。

这每一条理由，对我都有巨大的吸引力。但另一方面，回国做一些自己想做的事，也是一个足够强大的理由。在必须做出选择的压力之下，我焦虑重重。

一位定居美国的大学时期的女性朋友看出了我的焦虑，在了解了我的一些想法之后，对我说了一句话，让我在时隔多年之后仍记忆犹新。

她说："留在异国或者回国，这都不重要，重要的是，不管在哪里，都是你自己在活着。"

真是一语惊醒梦中人。当你知道什么最重要时，做出选择就是一件很容易的事。

我果断地选择了回国，而且从未为当初的决定后悔过。相信以后也不会。

不管在哪里，都是你自己在活着。简单的话，包含太多的意味，而且可以变换成诸多类似的句型：

不管你是年轻还是年老，都是你自己在活着。

不管你是漂亮还是丑陋，都是你自己在活着。

不管你是健康还是病弱，都是你自己在活着。

不管你是有钱还是没钱，都是你自己在活着。

还有，不管高兴还是忧伤，成功还是失败，居庙堂之高还是处江湖之远，不可改变也不必改变的基本事实是：你在活着。既然不论怎样都是我自己活着，那一切外物自然就变得轻了。

"你在活着"这样一个基本事实还需要有人来提醒，那大约是因为自己在很多时候在为自己之外的某些东西活着。这样的一种活法，纵然是真的长生不死又有何益?

人生只有一次。自己在活着的感觉，是使人生变得更加真切充实的清醒剂。

使一个人的行为发生改变，只有两条途径：奖励和惩罚

每次与陌生人交谈，当他们得知我是心理医生时总是要问："干你们这一行的，是不是别人有什么毛病，你们一下子就看出来了？"或者问："在你们眼里，是不是每一个人都不正常？"

我该怎样回答他们呢？

也许我该回答说：是的。就像外科医生熟悉人体的结构一样，心理医生也熟悉人的心理结构。由于长久的专业训练，他可以通过一个人的语言、表情、姿态，甚至衣着、发型等细微之处，在较短的时间内对这个人的童年经历、家庭状况、知识结构、情感反应、行为方式、意志强弱、智力状况、自我意识、成功的可能性、与他人交往的特点等诸多方面有一个基本

的判断。尤其“可怕”的是，所有这些加起来，也只是他有可能看到的内容的很小一部分，就像冰山露出的一角；更多的内容，也就是冰山藏在海面下的那一部分——术语称为潜意识，一个人连自己都不清楚的那些愿望、冲动、痛苦、焦虑等，恰恰是心理医生重点观察的对象。所以有人说心理医生有着X光一样的透视的目光，那是有充分理由的。

心理医生对人的观察往往有一些既定的模式，或者说理论。这些理论的核心内容是对人性的基本判断。不同的理论对人性的判断有着相当大的差异。

人就是动物，传统的行为主义学派的心理学家如是说。在他们眼里，人和动物实际上就是对刺激产生相应反应的机器，只不过这样的机器较一般机器高级一点，反应也要灵敏一点。他们认为，如果要使一个人的行为发生改变，只有两条途径：一是奖励，二是惩罚。通俗地说，想让一个人做什么，就用甜头来诱惑他；想让一个人不做什么，就用苦头来威胁他。前者是企业奖金制度和某些家长的教子之术的理论基础，后者是制止犯罪的极有效的手段。

每个人都有病，经典精神分析学派的心理医生如是说。在他们看来，人的精神世界是硝烟弥漫的战场，本能的冲动、适应环境的愿望与伦理道德的要求之间无时无刻不在拼斗厮杀。没有人逃得过这一定数，除非他——不那么吉利地说——死了。

有相当长的一段时间，全世界大多数的心理医生就是戴着由以上两种理论制成的有色眼镜观察人类的一切行为的。他们训练有素，明察秋毫，在任何人身上，不是可以看出兽性就是可以看出病态来。

然而面对陌生人的问题，我真的只能说对吗？

不，绝对不。

若是在二十年前，一个心理医生熟练地掌握了以上理论和技术，能够通过一点蛛丝马迹判断出别人的问题所在，并且做出相应的心理学诊断，那他就可以算作一个好的心理医生。但是现在，这些不仅不够，反而可能是错误的。这种以疾病为中心的心理治疗模式已经被以健康为中心的模式替代。行为主义者已经不再把人看成对刺激做出反应的机器，而是看成有感情、有思想的活生生的人，因为不同的人对相同的刺激也会有不同的反应。因此要改变人的行为，不是只有改变刺激物这一种方法，还可以通过改变人的情感和思想来达到目的，这样一来人就不再是动物，而被还原成了人本身。现代精神分析学派的心理医生同样会分析潜意识冲突，但已不再把潜意识看成病态和罪恶的根源，而是看成智慧与创造力的发源地。最为可喜的发展趋势也许是，各个理论流派相互之间正在进行渗透和融合，相信有一天，大多数理论都会在以人为本的大的框架内被统一起来。

我们举一个例子来谈谈这个问题。一位在某公司做供销科长的男性去看心理医生，他说，他曾经是一个工作能力很强的人，但最近两三年来，他的工作能力大幅下降，几乎什么都做不好：早上不想起床，在单位什么事也不想做，害怕见客户，害怕跟来谈业务的人吃饭，每季度都是勉强完成销售任务，科里的十几个人也没管理好，等等。以下是心理医生与他（以下简称 A）的几段对话：

医生：你每天都能准时去上班吗？

A：是的，我是科里的头儿，迟到影响不好，所以我从不迟到。但是我早上总不想起床，经常为了不迟到，早餐都顾不得吃了。早上小孩上学，总是我妻子照顾，我觉得很对不起她。

医生：不管怎么样，你从来没迟到过？

A：（犹豫了一下，满腹心事地点头）是的。

医生：你每天早上都是自己穿衣、刷牙、洗脸吗？

A：（似乎不敢相信医生会提这样的问题，苦笑道）是的。

医生：你是坐车上班还是骑自行车去上班？需要你妻子送你吗？

A：骑车去上班。不需要妻子送。

医生：你能够完成每季度的工作任务，对吗？

A：是的。但是很勉强，而且是最低的标准。

医生：不管怎么样，你还是完成了。

A：是的。

医生：你的领导仍然很信任你，要不然不会把这样重要的工作交给你做，对不对？

A：以前是很信任我，现在是不是还信任我，我就不知道了。

医生：如果他不再信任你，他可以撤你的职，换另外一个人。他没有这样做，就说明他现在还是信任你的，对不对？

A：好像可以这样认为。

医生：你跟你的职工发生过争吵吗？有没有职工因为对你不满向你的上级告过你的状？

A：我的脾气比较温和，几乎没有跟职工争吵过，也很少对他们发脾气。

至于告状的事，不知道有没有，我反正没听说过。但是每月奖金发少了，他们心里可能会有意见。

医生：那就是说，你能够团结职工，而且职工在拿较少奖金的情况下也不拆你的台，说明你的管理水平很高嘛。

A：（稍微放松了一点）也许可以这样推断。

医生：你说你害怕跟客户一起吃饭，我也有类似的问题。有一些“应酬饭”吃得很累人。但我跟我的家人或者关系很随意的朋友在一起吃饭时，非常轻松愉快。你呢？

A：（迫不及待地）一样一样。

医生：刚才你说什么事都做不好，现在我们是不是可以说，你能够做的事情比你不能做的事情要多得多？

A：（面带微笑，似乎略有所悟，不无幽默感地说）如果把洗脸、刷牙这些事情也算进去，那我确实还能做很多事。

也许有人会把医生的言语仅仅看成良性暗示，这样想只对了一部分。在几乎所有心理问题的发生和发展中，不良的自我暗示是一个非常重要的因素。所以在心理治疗中，用良性暗示取代不良暗示是一个非常重要的手段。但在以上的例子中，医生言语的背后，绝不仅仅是良性暗示的技巧，还是心理治疗模式在最近二十年发生重大变化的反映。这一变化就是：从以疾病为中心变为以健康为中心，积极挖掘来访者身上的潜在能力，注重他能够做什么，不注重甚至有意识地“忽略”他的问题或者“毛病”，用他不断增加的优点把“毛病”从他的心里“挤”出去。当然在具体的治疗中，操作要复杂得多，以上对话，只是治疗过程的一个很小的片段。

所以对陌生人提出的问题，我实际上应该这样回答：不对。在心理医生眼里，所有的人的问题都被忽略了，或者说，每个人都是一个健康的人，而且将来会变得更加健康。如果心理医生真的可以透视，那他透视到的东西全都是美好的。

如果你“不幸”在治疗室或者其他场所碰到了一位心理医生，你不仅不必感到紧张，反而应该很轻松、很自在，因为在一个把你能够自己洗脸、刷牙都看成你的优点的人面前，你应该可以毫不费力地展示数以千万计的优点吧？

身体知道心理压力的答案

压力首先是物理学的概念和躯体的感受。胎儿在母体内成长发育，就要承受四面八方的压力。胎儿自然分娩时通过狭窄的产道，更是一个需要经受巨大压力的过程。专家们曾经认为，狭窄的产道是人类进化的一个障碍，因为如果产道再宽大一点，人脑的容量就可能再大一些，人也就会变得更聪明一些。但是，现在的专家们已经不这样认为了。现在被普遍接受的观点是，婴儿出生时被挤压的过程，就像是一次心理的和躯体的按摩，有助于激活其全部的心理、生理功能，增加其对疾病的耐受力。统计数据也表明，自然分娩的孩子，比剖腹产的孩子总体上要健康一些。

躯体能感受到的压力都是有形的，我们能够清楚地知道这样的压力来源、大小和逃避的方式。比如，在拥挤的公共汽车上，我们清楚地知道压力是周围人给的，人越多，挤压的力量也就越大。逃避的方法也很简单，下车就可以了。而面对心理压力，就没有这么简单了。心理压力经常给人铺天盖地的感觉，让人无处遁形。

心理压力有一部分是由已经发生或即将发生的生活事件引起的，如未完成的作业、即将来临的考试、必须面对的冲突，等等。这些压力的来源，我们知道得很清楚，所以处理起来就容易得多。这些心理压力的大小，虽然有一些客观标准来衡量，但归根结底，它们对人的影响，有着非常明显的个体差异。同样一件事，在某些人眼里简直不足挂齿，而在另一些人看来，却是天大的事。是举重若轻，还是举轻若重，与一个人的人格大有关系。那些对自己要求过多、过严的人，就容易把小事放大，小压力也就成了大压力。

一般说来，构成心理压力的事件，多半都是坏的事件。但是，好的事件一样可以产生巨大的压力。举个简单的例子，职务的升迁。虽然职务升高之后责任和工作量都可能增大，但是，对某些人来说，心理压力的增加可能与责任和工作量的改变不成比例。他们很可能较快地就被心理压力压得寝食难安。

好事之所以会形成心理压力，是因为我们内心的平衡被打破了。我们每个人都有一个现实的自我和理想的自我。这两者之间会有一些差异，理想的自我一般会比现实的自我更好一些。当发生在自己身上的所谓“好事”只是好到接近理想的自我时，那承受起来是没有什么问题的。但是，如果“好事”好到了远远超过理想的自我，麻烦也就随之而来了。最大的麻烦在于不相信，也就是不相信自己竟然配得上这样的好事。据说朱元璋当了皇帝之后，就不太相信自己这个要饭的和尚能有如此好运，以至于有一次在花园里对马皇后说自己怎么就当了皇帝，大有觉得自己不配的味道。事后为此后悔，要杀掉当时在旁边听到了他说那些话的人。这就是把内心的压力转化为对他人的攻击的极好例子。朱元璋是中国历史上最暴虐的皇帝之一，原因就在于他不相信自己，并且把这种不信任投射到他人身上，认为别人也不相信自己，于是杀戮就成了对抗来自想象中的、不被信任的心理压力的工具。

即使没有大的事件发生，普通的人际关系也会造成一定的心理压力。只要是两个或两个以上的人在一起，身处其中的人就不可避免地会有压力，只不过这种压力有明显和不明显之分。人际间的压力主要来自这几个方面：相互竞争，希望自己比别人表现优异；控制他人而不要被他人所控制；力图使自己的言行符合他人的标准；想取悦别人以便达到某种目的；等等。所有这些，在程度很轻的时候都很正常。但是，在程度较重，以至于让自己或者别人感觉到不快的时候，就要考虑做出一些改变了。

即使没有外在事件造成的压力，由内心冲突造成的压力也一样令人难受。这样的压力首先在价值观层面。一个人在成长的过程中，会接触到不同的价值观，某一些价值观是和另一些价值观相互对立的，于是我们的心灵就成了这些价值观斗争的战场。比如，任何人都可能受过利己和利他的教育，虽然前者多半是通过非主流渠道，但一样会对人产生重大影响。在某种情形下必须做出决定的时候，压力就产生了。所以一个没有稳定价值观的人，他面对的心理压力比一个有稳定价值观的人要大得多。

还有一种不是由外在事件造成的心理压力，是来自生理需要和社会准则之间的冲突，也就是一般所说的灵与肉的冲突。生理需要有“为所欲为”的倾向，社会准则的作用就是要限定这种倾向，冲突由此产生。这是每一个人都有的心理压力，区别仅仅在于，一些人将生理需要巧妙地转化为高级的需要，以适应社会准则的要求，从而达到相对和谐的状态；另一些人则钻社会规则的空子，维持一种不与现实冲突的平衡；还有一些人直接对抗社会规则，等待他们的就会是强制性的惩罚。

面对压力，我们可能会有意识地、主动地寻找一些措施来解决它。如我们可以加班来完成必须完成的工作，通过改善交流来缓解人际间的冲突。但是，我们对心理压力的处置也不完全是意识层面的。在压力大到我们的智力想不出好的应对方式的时候，压力就会渗透到潜意识层面。潜意识层面对压力的处置有一些悲壮的味道。这种处置的主要方式有两种，一种是用心理症状来表达压力。这些症状包括我们所熟知的一些专业名词，如抑郁、强迫、恐惧、焦虑，等等。比如，一个马上要参加一次重要考试的学生，可能会出现严重的焦虑症状。这些症状提示着，心理压力太大了，已经大到出问题的程度了，大到该休息的程度了，或者说大到该看心理医生的程度了。

潜意识层面另一种处理压力的方式就是躯体化。也就是说，把心理问题转变为躯体问题。对这一转变的研究，已经成为一门单独的学科，叫作心身医学。有很多严重影响人们健康的疾病，就是由心理因素导致的，如高血压、胃溃疡、慢性头痛，等等。以胃溃疡为例，很多胃溃疡患者都是工作或生活压力很大的人，他们在精神上往往表现得很坚强，但是，强大的心理压力在他们相对薄弱的胃上寻找到了突破口，胃壁上的溃疡，就是这一突破口的象征。

我给一位头痛病人的治疗很有戏剧性。我去一位朋友家玩，刚好他小姨在他家。他小姨偏头痛三年，找了很多医生，做了各种检查，中药、西药花了两万多元，既没查出什么毛病，也没见有什么好转。她来找我朋友的目的，就是想让他帮忙，找一个好的内科医生给她看一看。我在旁边“偷听”到这些情况，初步判断她的头痛是心理问题导致的躯体问题。在巨大的工作压力之下，她没有出现心理症状——抑郁，却出现了头痛的症状。我劝她服一段时间抗抑郁药物。她开始完全不相信心理医生可以解决她的头痛问题，后来经过我的反复解释，她答应试一试，勉强拿我的处方买了一盒药带回家。为了增强她的信心，我给她开的是可以迅速起效的抗抑郁药物。三天以后，朋友打电话到我家，说他小姨的头痛已经好了百分之八九十。举这个例子，只是想说，凡是有身体上的不适，而且各种检查都没有发现有什么问题时，那就要考虑是不是心理因素引起的躯体问题。这个时候，看心理医生就几乎成了解决问题的唯一选择了。

心理压力是魔鬼与天使的混合体。说它是魔鬼，是因为它的确能带给人心灵和躯体的双重伤害。说它是天使，是因为它也有很多好处。好处主要有两点：第一，在心理压力之下，我们能够保持较好的觉醒状态，智力活动处于较高的水平，可以更好地处理生活中的各种事件。曾经看到过一幅漫画，就很好地展示了压力的好处。一个人坐在文件堆积如山的办公桌旁边，右手拿着笔，左手拿着一枚定时炸弹，漫画的题目叫作《我只有在巨大的压力之下才能高效率地工作》。我写东西也有类似的体会，编辑不催稿，那是绝对写不出什么东西来的，编辑催得越急，完成稿子的速度越快。再想远一点，我生活中的好多事情，只要是做成了的，基本都与外界的压力有关；没做成的，多半是没有什么压力的缘故。第二，在心理压力不是大到我们不能承受的程度时，它可以是一种享受，而且有可能是最好的精神享受。所有的竞技活动，就是人们在心理压力太少时“无中生有”地制造出的一些心理压力，目的就在于丰富我们的精神生活。

各种心理压力之间，有一种很有意思的相互抵消的现象。表面上看，各种心理压力混在一起，人能够感受到的压力会是各种压力之和。其实不然。比如工作上压力太大时，如果去看一场同样会给人心理压力的、对抗激烈的足球赛，工作的压力就会暂时被换掉。我们每个人都可以找到自己的方式，用一种压力缓解另一种压力。

完全没有心理压力的情况是不存在的。我们假定有这样的情形，那一定比有巨大心理压力的情形更可怕。换一种说法就是，没有压力本身就是一种压力，它的名字叫作空虚。无数的文学艺术作品描述过这种空虚感。那是一种比死亡更没有生气的状况，一种活着却感觉不到自己在活着的巨大悲哀。为了消除这种空虚感，很多人选择了极端的举措来寻找压力或者说刺激，一部分人找到了，在工作、生活、友谊或者爱情之中；而另一些人，他们在寻找的过程中甚至付出了生命的代价。比如一部分吸毒者，最开始就是被空虚推上绝路的。一个有恰当的事业压力的人不会吸毒，一个有恰当的家庭责任感的人也不会。

心理测量永远只是诊断的辅助工具，不能作为确诊的依据

到我们医院来咨询的人中间，很大一部分都已经通过不同的途径做过心理测量。但是，心理测量作为判断一个人心理状况的辅助工具，其检测结果虽不可不信，却也不可全信。以下就通过几个例子，看看我们应该对心理测量采取什么态度。

案例一

夏女士，二十四岁，最近三个月情绪低落，对一切丧失兴趣，回避跟人交往，失眠。在某心理测量网站做了一次症状自评量表（SCL-90，全世界通用的专业测量工具），除了抑郁分高于正常以外，还显示“有明显的精神分裂症症状”。这个结果把她吓坏了，情绪更加低落，并增加了许多焦虑症状，总担

心有一天自己会突然失控，“疯掉了”，做出什么丧失理智的事情来。犹豫再三，她有一天下决心去了心理医院，跟一位医生谈了半小时，医生肯定地告诉她，她患的是抑郁症，跟分裂症完全是两码事，也不可能直接就变成分裂症，她才放下心来。做了三周的药物治疗后，她的症状就完全消失了，维持治疗了四个月，便停了药。

评论

导致测量误差的原因是，测量者对提问的理解有误。例如，在 SCL-90 中有这样一个问题：你心里想的事情不说出来，你觉得别人也知道。如果你回答“是”，电脑就会认为你有“明显的精神分裂症症状”，术语叫作“被洞悉感”。但夏女士却认为，她是一个不善于掩饰的人，她的情绪和想法，别人可以通过她的各种表现推断出来，所以她选择了“是”。很显然，这不是真正的被洞悉感。被洞悉感是指一个人觉得别人能够直接看到自己的心事，而不是通过逻辑推理判断，自己一想什么，不管是熟人还是陌生人立即就知道了。

对任何心理测量的结果，不管是当事人还是心理医生，应该采取的基本态度是：心理测量永远都只是诊断的辅助工具，只有参考价值，不能作为确诊的依据。正确的诊断只能在心理医生跟病人谈话之后做出；如果医生的判断跟心理测量的结果不一致，则应该以医生的判断为准。

案例二

张先生，二十七岁。同样是在网上，张先生做了一次成功倾向测试，结果显示他成功的可能性很低，这对他的信心是一个较大的打击。从此，他变得心灰意冷，工作缺乏干劲，对前途悲观失望。

评论

到目前为止，还没有一种心理测量工具可以真正准确地预测一个人成功的可能性。成功是多项个人素质综合作用的结果，我们对这些素质了解得还不是很全面，而且，一些社会性的机会因素（所谓的运气）也往往会对成功与否施加决定性的影响。

过分地相信这样的心理测验的“预测性”，在很大程度上就跟相信算命没有什么区别了。

案例三

小波，十二岁，初一学生。老师对小波的母亲说，小波的成绩总上不去，好多题目，给他讲很多遍，他还是不会做，所以老师估计他的智力可能有问题，希望家长带他到医院检查一下。母亲带小波去了医院，智力检查的结果为 105 分，略高于正常，看到这个结果，老师还觉得奇怪，智力这么好，怎么学习起来就这么笨呢？

评论

应该明确的是，因为智力问题导致的学习困难的情况极其少见，而且，如果真的是智力问题导致的学习困难，不用做智力测验就能够判断出来。智力异常的孩子会在多方面表现出能力低下的状况，而不仅仅是在学习方面。我们坚决反对轻率地给孩子做智力测验，特别是测验的目的仅仅是为学习困难找一个理由。在这样的情况下给孩子做智力测验，会极大地损伤孩子的自尊和自信，即使检查的结果正常，检查本身也会对孩子造成极强的不良暗示。

绝大多数的学习困难不是因为孩子的智力低下，而是非智力因素造成的。我们见过很多孩子，各项能力都很好，就是在学校的成绩不好，其原因多半来自家长和老师的错误教育方式，比如高压、批评多、鼓励少，等等。而对老师来说，动辄要学生做智力测验，潜在动机则可能是缺乏耐心和想推卸自己的责任。

案例四

在某著名门户网站的首页，有一个心理测验，名叫“你有神经病吗？”很多人做过这个测验，其中一些人被诊断为“有神经病”，被吓得要死。

评论

第一，神经病跟精神病是有本质区别的。神经病是指神经系统的器质性疾病，比如脊神经炎、神经性瘫痪等；而精神病是指中枢神经系统（大脑）的功能障碍，如精神分裂症、抑郁症等。第二，这不是正规的、专业的心理测验，这些测验是一些非专业人士瞎编的，几乎没有科学性。正规的心理测验是专业人士编写的，在投入使用之前，会做很多科学方面的检测和评估。

案例五

钱女士，结婚八年，有一个六岁的儿子，与丈夫的感情一直很好。钱女士的工作一直较清闲，没事的时候就上网冲浪。其先生工作很忙，常常很晚才回家。一次，钱女士看到网上有一个夫妻关系的心理测验，怀着好奇试着做了。做完后她大吃一惊，结果显示其夫妻关系有问题，她的先生可能有外遇。受这个结果的影响，她的情绪变得很坏，开始挑先生的毛病，观察先生的行为、衣着的变化，悄悄看先生的手机上有些什么人的电话，等等。结果夫妻关系真的慢慢变坏了。她先生无辜地受到怀疑，越来越心烦，最后闹到了要离婚的程度。

评论

心理测量的结果具有暗示性，对一个对暗示很敏感的人来说，测量的结果会对她的情绪、行为和看法产生影响，从而使测验结果显得“很准确”。但这样的“准确性”对人是不利的。

总结

如果说心理测量是反映我们心理状况的一面镜子，那它也只能算是一面模糊的镜子，反映的是不清晰、不精确的心理状况。心理测量在任何情况下，都不能取代一个受过专业训练的心理医生的作用。要很好地了解自己的心理，就需要跟心理医生好好谈一谈，在你和心理医生的交流中，心理医生会像一面清晰的镜子一样，把你真实的心理状况和性格特点展示给你看。

有希望就有可能拥有一切，没希望就可能丧失已经拥有的一切

1997年，我去马来西亚参加一个国际心理学会议。在会上，我认识了一位俄罗斯人，他向我推荐他创立的积极心理治疗理论。

他告诉了我他做过的一个实验：将两只大白鼠丢入一个装有水的器皿中，它们拼命地挣扎求生，维持的时间是八分钟左右。然后在同样的器皿中放入另外两只大白鼠，在它们挣扎了五分钟左右的时候，放入一个可以让它们爬出器皿外的跳板，这两只大白鼠得以活下来。若干天以后，再将这对大难不死的大白鼠放入上述器皿中，结果真的有些令人吃惊：两只大白鼠竟然可以坚持二十四分钟，三倍于一般情况下能够坚持的时间。

这位俄罗斯的心理学家总结说，前面两只大白鼠没有逃生的经验，它们只能凭自己本来的体力挣扎求生；而有过逃生经验的大白鼠却多了一种精神的力量，它们相信在某一个时候，一个跳板会救它们出去，这使得它们能够坚持更长的时间。这种精神力量，就是积极的心态，或者说，就是内心对一个好结果的希望。

这个实验虽然残酷了一点，但给人很大的教益。我后来才知道，这位心理学家的理论，在俄罗斯很受欢迎。这当然是可以理解的。俄罗斯当时处在其历史上相对艰难的一个时期，他的理论，正好可以用来鼓舞士气，渡过难关。

实际上我们不必做那样的实验也知道，在艰难困苦之中，心中有希望和心中没有希望，对我们的行为会有完全不同的影响，结果自然也就完全不一样了。

那个实验还没有讲完。当时我心里还想着那两只大白鼠，总觉得不是滋味，就略带反感地对那位心理学家说，有希望又怎么样，那两只大白鼠最后还不是死了？他出乎我的意料地回答说："没有死，在第二十四分钟时，我看它们实在不行了，就把它们捞上来了。"我问他为什么那样做，他说，有积极心态的大白鼠令人钦佩，我们人类应该尊重一切希望，哪怕是一只大白鼠内心的希望。

大白鼠的希望，是人给它们的；而人类在任何时候、任何地点、任何困难面前，都能够自己给自己希望。

希望就是力量。在很多情形下，希望的力量可以比知识的力量更强大，因为只有在有希望的背景下，知识才能被更好地利用。一个人，即使一无所有，只要他有希望，他就可能拥有一切；而一个人即使拥有一切，却不拥有希望，那他就可能丧失已经拥有的一切。

所以，在下一个节日来临，到了该祝福我们的至爱亲朋的时候，我们能不能不说恭喜发财，而说祝你永远都有很多美好的希望？

心理治疗的基本原则

很多年以前，一位在我们医院工作的德国护士告诉我，如果你栽一盆花，每天都对着花讲几分钟话，那花就会开放得鲜艳一些。当时我想，那不过是一位不解世情的小女孩对浪漫和温情的向往的投射而已：她需要，所以她认为花也需要。

也是很多年以前，在报纸上读到，一些西方国家的农场主每天给奶牛听几个小时的轻音乐，奶牛就可以多产奶。读完我笑了，想那些愚蠢的资本家应该到中国来进修一下，学学中国成语“对牛弹琴”是什么意思。

很多年过去了，在对这个世界和人性本身有了更多的了解以后，我发现不懂的和需要学习的恰恰是我自己。人的很多需要，特别是我的病人的很多需要，总是被我忽略；我躲在精神病症状学诊断标准和精神药物背后，干着机器人也能干的事情，却还自以为自己是真正的“人的医生”。

我现在认为，心理咨询和心理治疗（虽然二者有一些区别，但为行文方便，以下将二者统称为心理治疗）的基本原则，可以而且必须用在精神科的每一个角落，针对每一种精神科疾病的每一个发病阶段。尤为重要的是，这些基本原则还应该用于调整和重建精神科领域内的医患关系。不辅以心理治疗的药物治疗是残缺的治疗，没有经过心理治疗培训的精神科医生，绝不是一个合格的精神科医生。

接下来我们看看心理治疗在几种疾病中的使用：

在互联网搜索“植物人＋母爱”，其中一大部分讲述的是，母爱是如何使一个植物人康复的。“人非草木，孰能无情”，意思是说草木本是无情的。一个人被现代医学称为植物人，那意思就是说他成了草木，成了一个“无情”、不懂情，或者不能对情做出回应的人，或者是一个不需要用情感（比如爱）来对待的人。但是，事实证明并非如此。一个在生理上处于植物状态的病人，一样也能够感受到爱、关怀，当然也就能够感受到相反的如恨、讨厌、忽略等情感。在爱和关怀之下，一个植物人有可能恢复许多能力，但如果是相反的情感，结果就可想而知了。

这一类的新闻提示我们，在治疗像脑器质性这样的疾病的时候，除了药物和其他躯体医学手段，关爱也是医生可以使用的手段之一。从根本上来说，关爱应该是一切医疗手段的基础。所有心理治疗的基本原则就是关爱。

英国著名精神分析师桑德勒（Sandler）在他的《病人与精神分析师》一书中表示，罗斯菲尔德（Rosenfeld）指出，从纽伯格（Nunberg）对紧张型精神分裂症病人移情现象的观察开始，越来越多的精神分析师对弗洛伊德最初的观点提出了疑问，他们认为移情确实可以在精神病人身上出现。值得提出来的是，沙利文（Sullivan）、费德恩（Federn）和罗森（Rosen）均在此列。

移情的概念可以合理地运用于精神病人与其治疗师的相互关系方面。甚至最严重的紧张型精神分裂症病人，在理智恢复后也显示出在其患病期间与他人接触的重要感觉痕迹。

如果说紧张型精神分裂症是“最严重的”精神疾病，这样的病人康复后都有“在其患病期间与他人接触的重要感觉痕迹”，那我们在对待一切精神病人时都要小心了，我们对他们的态度，他们会记住的，并且会对他们产生影响。

有人认为，人在精神分裂症的急性发病阶段只能使用药物治疗。这也是不正确的。目前世界上有几个国家的精神科医生，已经尝试了精神分裂症的非药物治疗，即所谓 soteria（保护室）。

一般情况下 soteria 比其他方法要便宜一些，但如果在中国操作，可能会比其他治疗要贵一些。但这不能作为阻止推广这一疗法的理由。器官移植很贵，却没有听到有人以此为理由说我们不需要研究和实施器官移植手术。再者，促进国家福利政策和法律法规向精神病人这一弱势群体倾斜，也是精神科医生义不容辞的责任。

我曾不止一次地看见医生当着整个病房工作人员的面，问一位明显没有智力障碍的大学生病人100连续减7的问题。这里面包含的轻视是不言而喻的。但这还不算太可悲，因为智力检查是例行的；更可悲的是，那个大学生还一本正经地回答，没有表现出丝毫的愤怒。这是一种被暗示出来的可怕的“自知力”：我是不行的，我需要智力测验，我只配被轻视、被侮辱。想想看，这样的感觉痕迹留下来，即便症状消失了，对疾病的自知力恢复了，他又有什么信心恢复自信和社会功能？精神科医生如果只致力于病人症状的改善和对疾病的自知力的恢复，而不管病人的社会功能的恢复，那算不得善始善终。很多在药物的作用下没有了症状和“知道自己有病”的重症精神病人还待在家里，在较大程度上就是我们精神科医生工作没做好的证据（这种现象当然也有其他因素在共同起作用）。一个懂得心理治疗的医生，即使在一个精神分裂症病人病得最厉害的时候，也会尊重病人的人格，保护他的自尊和自信，为他最后恢复社会功能做准备。

一些国家的精神病人可以在许多地方，如封闭式病房、开放式病房、白天医院、中途宿舍、工疗站，等等；我们的病人则要么在家里，要么在封闭式病房，只有很少的时间可以去门诊拿一点药。拿药时的情景可以归纳为三句话：围一大群人——其他病人和家属都围在医生旁边，病人完全无隐私可言；说上三句话——医生既没有时间，也没兴趣听病人说得太多；拿一大堆药——这是医生唯一能给的，也是病人唯一能得到的。

不愿意跟精神病人建立平等的、有双向情感交流的关系，原因可能来自医生自己内在的恐惧，他们不愿面对精神病人的非理性的、负性的情感等，实际上是害怕自己内心的非理性和负性情感被激活。

从大的背景上看，医患关系是社会总体人际关系的一部分。在中国，亲友之间的关系通常是温情脉脉的；这样的人际关系的距离，比西方国家的人际关系的距离要近得多。但是，非亲友关系（陌生人之间）的距离却又过远，在陌生人之间，甚至明显地有一些敌意。按照赵旭东教授的说法，就是中国人把圈内人和圈外人分得很清楚。这样的人际关系，不可避免地会影响医患关系。正常人算一个圈子，精神病人算一个圈子，精神科医生属于正常人圈子，似乎对少数派的精神病人圈子有几近天然的“排斥”。排斥的工具，以前是铁门铁窗，现在则更多的是药物，名目繁多的诊断则一直都是“帮凶”。精神科医生经常用药物从情感上将病人拒之于千里之外，而要跟一个人保持距离，再没有比说他是疯子更好的理由了。

症状学的分类当然是必需的，ICD（国际疾病分类标准编码）、DSM（《精神疾病诊断与统计手册》）和 CCMD（《中国精神障碍分类与诊断标准》）中的分类诊断标准，加深了我们对病人疾病那一方面的理解，是许多杰出的精神病学家智慧的结晶。但是，我们不能把它们作为屏障，隔离我们和我们的病人，使病人成为异类，使我们不能面对病人的正常思维、情感和行为，不能面对人类每一个独立个体的命运。所以，一些现代心理治疗学派有“去诊断”的做法，即不对病人下诊断。这种做法至少可以不让病人背一生的思想包袱。

有一段时间，一些医生在争论精神分裂症改名的问题。提议改名的一方说，“精神分裂症”这一名称，已经具有一些非精神科专业的、社会学上的意义，具体地说，就是这个名称已经包含许多的贬低、歧视、恐慌等负性的东西，这些东西最终会给病人回归社会带来困难。动此念者不仅有丰富的心理治疗知识和卓越的对世情的洞察力，还有着仁者的慈悲心肠。比较起来，某些以各种理由反对改名的人，他们的知识和用心就很叫人怀疑了。

从技术上来看，如果在精神病学领域一味地只重视精神科在生物学基础上的研究，而忽略在心理治疗方面的投入，那就像是父母只重视孩子的冷暖，而忽略孩子的精神方面一样。

心理治疗在治疗神经症等其他非重症精神病上的效果是毋庸置疑的。遗憾的是，以诊断为中心的思维方式在神经症的治疗领域里也流毒甚深。各个精神病院的门诊就不说了，在互联网上的心理学相关网站上，随时可见“帽子满天飞，标签处处贴”的惨境。那些“帽子”，有些是所谓“专家”给的，有些是自己给自己“买”的，还有一些是相互赠送的。我见到的最荒唐的一次，是一个人照着诊断标准，一口气给自己下了七个诊断，可笑的是，仅仅只看症状，你还不能说他是错的。

从现在心理治疗在中国的发展上看，前景还是乐观的。毕竟我们已经开始改变，尽管速度还不太令人满意。在我写这篇文章的时候，武汉大学附属人民医院的王高华教授告诉我，他做主任的精神科将把三分之二的病房做成开放式病房，其远见卓识令人钦佩不已；杨德森教授和肖泽萍教授提议在精神病学年会上做与心理治疗有关的讨论，则是一个可能使二者相互影响、补充和融合的良好开端。

人类个体的命运，从来都是全人类命运的缩影。一个不善待精神病人的社会，绝不是一个宽容的、先进的社会。精神病人作为个体和群体，如果他／他们的命运得不到改善，那么整个人类的命运也是岌岌可危的。从狭义上来说，精神病人的命运，是跟精神科医生的地位和价值联系在一起的，绝不可能出现精神病人地位低下而精神科医生被社会重视的情况。遗憾的是，我们很多医生在做着打击病人的同时又打击自己的事。

1994 年，我和武汉市江岸区政府的领导在汉堡参加了德国社会精神病学年会。参加该会的有数千人，其中相当一部分是精神病人。在年会的开幕式上，首先发言的是一位康复了的精神病人，然后是德国精神病学泰斗、我的老师克劳斯·多纳（Klaus Doener）先生。对一个精神科医生来说，最大的荣誉可能莫过于你的病人可以在数千人的会议上发言，可以对医患的合作发表自己的看法。所以我个人认为，中国的精神病学年会如果没有我们治好了的病人参加，那将是一个很大的遗憾，也是一种很大的耻辱。

在心理治疗中，如何使用精神药物

药物是人类文化的一部分，人类使用药物的历史几乎与人类本身的历史一样长久。药物的使用大约有两个目的，第一个目的是对抗疾病和维持健康。用药或者是因为健康的人体本身无法制造某些维持健康所需要的物质，这些物质需要从外界摄取，如维生素；或者是因为已经不健康的身体需要某种物质的帮助来恢复健康，如感染需要服用抗生素。对抗疾病和维持健康是现实的操作和愿望。用药的另一个目的是，药物变成了某种具有神秘色彩的崇拜物，它的作用不仅仅是对抗疾病和维持健康，它还被寄希望于让服药者长生不死。古往今来，从古希腊的术士到魏晋时期的士大夫，从浮士德到中国部分朝代的帝王，服药炼丹、追求永生，是他们生活的重要内容之一。在使用药物的两个目的中，前一个总是浮在表面，后一个则隐藏在每一个服药者的内心深处。所以使用药物既反映了我们对自身的先天缺陷（匮乏、疾病、衰老、死亡）的不满，也包含了我们对自己的呵护与关爱。

在所有药物中，精神药物又有其特殊性。精神药物可以对人的一切精神活动，如感知觉、思维、情绪、意志、自我认同甚至智力状态产生强大的影响。由此便产生了一个问题：在一个人的精神活动产生了如此巨大的改变之后，从人格的层面来说，他还是他吗？到目前为止，我们还没有一个具体的标准来判定一个人是否变得不是他自己了。这是一个药物伦理学的终极问题，短期内可能无法找到答案，目前药物的研制和使用，总的来说还处在一种无序的状态中。

20 世纪 90 年代初，百忧解在美国大量被用于临床后（当时美国人口为 2.7 亿，服用百忧解的人数在 1999 年约占总人口的十分之一，极其惊人），遭到了很多人，尤其是宗教界人士的强烈反对。他们认为，获得愉快不能靠药物，而应该靠对上帝的信仰。他们也许没有意识到，这样说不知不觉地把上帝的作用与百忧解的作用等同起来了。两者等同起来当然也没有什么错，精神药物本来就有很强烈的宗教作用：它能改变一个人对世界的看法和对自己的看法，改变一个人的情绪和行为，宗教不也是如此吗？我们也可以反过来，套用马克思的一句话说，“宗教是人民的鸦片”，也就是说，宗教是一种精神药物。从这个意义上来说，药物治疗与非指导性的心理治疗的原则是背道而驰的。所以若非确有必要，在心理治疗的同时最好不要使用精神药物。获得愉快既可以不靠上帝，也可以不靠药物，而是靠我们对自己更多的了解和对自己潜能的更多挖掘。

不仅仅是在中国，也包括20世纪70年代之前的欧洲和北美，在精神科一贯的传统中，患者与治疗师的关系就是症状和药物的关系。患者不是一个整体意义上的人，而是一个符号，一个带有某种或者某几种疾病症状的符号。这些症状就是患者的特征、身份，还决定了患者在医患关系中应该占据的位置，即被动的、服从的、有求于人的。在这一意义上，他们全都被异化为非人的形象。每一个精神分裂症患者都是一个怪异的符号，每一个抑郁症患者都是一个情绪低落的符号。他们其他方面的不同，如童年经历、家庭环境、现实处境、兴趣爱好、人际关系、经济收入等，全都被掩盖在他们的症状之下。更为糟糕的是，无论是在医院还是在日常生活中，患者自己也认同了自己是一个疾病的符号，并且使疾病和与疾病有关的事件（如看医生）成为他们生活的中心。

在患者被异化的同时，治疗师也不能幸免。他们被异化成了药物或者药物的载体。几年以前，有很多医生自嘲地称自己为氯丙嗪医生，现在他们也许该称自己为利培酮医生了。医患关系被简化成药物与症状的关系后，受到伤害的不仅仅是患者，还有医生自己。在所有的职业中，精神科医生的自杀率最高，就是这一异化导致的结果。我们可以说，自杀是他们对抗异化、重新成为人的最无奈的努力——因为只有人才能够自杀，药物不能够自杀，药物的载体或者使用药物的机器也不能够自杀。

在心理治疗的关系中，治疗师和患者展现的都是他们的整个人格。症状只是患者人格的一部分。精神分析学派认为，人格结构中的超我和本我发生冲突，自我又不能协调这一冲突，就产生了精神症状。所以对症状的考察，必须与对整个人格的考察结合起来。同样地，在心理治疗的关系中，因为对移情、反移情、阻抗的关注，治疗师也不再显得像一个只会使用药物的机器。

使用药物可能的情形有：在患者方面，如果病情太严重，如情绪极度抑郁，反复自杀，就需要通过使用药物迅速缓解症状；患者自己强烈要求用药，也可能促使治疗师使用药物。我们也可以从移情和阻抗的角度来考察患者方面的因素对是否使用药物的影响。药物是患者能够感受到的治疗师对他的总体关注的一部分。患者对药物治疗的依从性，也是他对治疗师移情的一部分。如果患者对治疗师是正性移情，他多半会把是否使用药物的决定交给治疗师来做。药物是需要吞到肚子里去的东西，它会在肚子里溶化，变成患者身体的一部分，或者说会对患者的身体和精神产生某种程度的影响。患者服用了某一个治疗师给他开的药，意味着他同意把自己变成治疗师所希望的样子。在童年的时候，我们都希望成为父母希望我们成为的那个样子，或者干脆成为父母的那个样子。在患者顺从地服药时，他在心中是把治疗师当成了自己的父母的。从阻抗的角度看，在精神分析治疗中，一切可以使患者逃避探索自己内心世界所引起的痛苦的因素都可以称之为阻抗。精神药物能够在一定程度上改善症状，而不能消除引起症状的内心冲突，所以患者轻易地同意使用药物或者强烈要求使用药物，都可能是不愿意面对内心冲突的表现，也就是阻抗的表现。

在患者对治疗师负性移情的时候，情况会变得比较复杂。一种情形是，他会觉得治疗师让他服药是拒绝他的一种手段。他心里想的是：你已经厌烦我了，不愿意跟我谈话了，你想通过几粒药就把我打发了。如果是在治疗开始了若干次以后再用药，他甚至会怀疑治疗师没有在一开始就用药的原因是想多赚几次治疗费。另一种情形是，患者会把用药与治疗师的心理治疗水平低下联系起来，也就是说，他会认为治疗师没有能力通过谈话治好他的病，所以才使用药物。还有一种情形，患者对是否用药无所谓，那我们可以将其理解为一种被动攻击，他潜意识里的意思是：你说怎样就怎样，我看你能把我怎样，反正一切责任由你承担。

在治疗师方面，可能影响使用药物的因素有以下几种：第一，治疗师对自己心理治疗能力的估计。在估计过低时，他会倾向于使用药物。第二，治疗师的专业信念。如果他受生物学派的影响超过非生物学派，那他使用药物的可能性较大一些。第三，从反移情角度来说，治疗师对自己不喜欢的患者使用药物的可能性要比对他喜欢的患者大得多，正像某些患者能够感受到的，治疗师是用药物把患者拒于千里之外。我们可以把这种情形称为“报复性用药”，这也可以是治疗师“见诸行动”（acting out）的一种类型。

由于精神药物种类繁多，价格上也有巨大差异，所以使用何种药物也能够反映治疗关系中的问题。如果治疗师习惯于给经济状况不太好的患者开很贵的药，我们还可以勉强认为他在心理治疗的技术上有问题，因为他还不能够整体地考虑患者的现实处境与他的疾病之间的关系；但若他这样做是因为药商所给的回扣的影响，那就不仅是专业水平的问题了，还应该是医学伦理学的问题。抛开经济因素的影响，如果一位治疗师在大量疗效好、副作用小的新药物生产出来之后，还喜欢用疗效欠佳、副作用大的老药，那他就需要从自己的人格结构、自恋倾向和施虐倾向等几方面做一番自我反省。

使用药物一向是医生的特权之一，这本来无可非议。因为用药事关健康甚至生死，当然必须是受过严格医学专业训练的人才具有用药的权利。但是，在心理治疗中，如果这种权利变成了有医学背景的治疗师自以为优越于心理学或者其他背景的心理治疗师的理由，或者变成了治疗师在人格上高于患者的理由，那这一权利就会对治疗关系产生极大的伤害。对这一权利的滥用具体表现之一是在用药的暗箱操作上，即治疗师有意或无意地不让患者知道，他所服用的药物的名称、作用机理和可能有的副作用。我们可以将这类行为理解为治疗师对患者的攻击。

患者对药物治疗的理解和期望因人而异，有的很相信药物，有的很反感药物，还有的对是否用药持无所谓的态度。我在上文提到，我曾问过非常多的患者这样一个问题：如果有一种药物，你服了一粒以后心理问题可以立即得到彻底的解决，而且可以让你永远保持快乐的心情，永远没有痛苦和烦恼，这样的药你愿意服用吗？结果绝大多数患者都回答——不愿意。看来我们需要的既不是永恒的快乐，更不是永恒的痛苦，而是一种变化的、流动的、让我们感觉到自己还活着的体验与情感。我们也许并不需要我们梦想了几千年的、可以使我们永享快乐的灵丹妙药。愿所有的药物研制者、使用药物的治疗师以及服用药物的患者都明白这一点。

通过以上分析，我们也许可以为在心理治疗中使用精神药物做出以下几条规定：

第一，在治疗的早期就告诉患者，也许以后会跟他讨论是否用药的问题，以避免患者对用药产生误解。

第二，在讨论用药时应该涉及以下几个方面的内容：为什么要用药，为什么恰好现在要用药，患者愿意或者能够使用什么价位的药物，治疗师推荐使用的药物的药名、作用机理（在其能够理解的前提下）、可能有的副作用、用法、需要使用的时间长短。

第三，解释药物治疗的局限性，让患者理解药物只能减轻或者消除症状，不能消除他们引起症状的内心冲突，或者用中医的说法：药物只能治标，不能治本。

第四，对药物引起的心理依赖做出解释。

第五，把药物治疗看成心理治疗的一部分，通过患者对药物治疗的态度理解治疗关系的状况。

第六，药物治疗的时间应该短于心理治疗的时间，以便处理心理性阶段反应，减少症状复发的可能性。

反社会型人格障碍患者以残忍对抗内心的软弱和焦躁

人性是善还是恶，这个问题已经争论了几千年。性善论和性恶论者，各自都有许多的证据来证明他们所持的观点。就像其他持续了很长时间的争论一样，人性善恶的争论最后也呈现出一种折中主义的特征。也就是说，大多数人都不再简单地认为人性是善的或者是恶的，而认为人性是中性的，亦即不善也不恶的。人本主义心理学有一个著名的观点得到了很多人的拥护，即人性是“存在先于善恶”，意思是说，人性首先是一种存在，然后才有善恶之分；善或恶只不过是人的众多属性的一种而已。

人本主义心理学的一些基本假设是：我们每一个人都有一种本质的内部天性，在人与人之间、种族与种族之间，这些内部天性没有太大的区别。而且，这些内部天性是一种潜能，而不是最终的产品，它们是发展的、动态的和可变的。人与人之间的差别，主要是由心灵以外的因素决定的，如文化、家庭、环境、教育等。

以恶魔张君为首的团伙在十多年的时间里残忍地杀害了28个无辜百姓，他们的所作所为，已经到了人神共愤的程度。对他们若谈什么“人之初，性本善”，既为时太晚，也没有任何意义，因为他们已经丧失了人之所以为人的本性。

从精神病病理学上看，我们可以基本判定张君是反社会型人格障碍患者。这类患者在儿童时期就表现出异于常人的行为，如经常逃学或夜不归宿、撒谎、偷窃、虐待动物、欺负弱小、故意破坏他人财产或公共财产、打架斗殴，等等。成年后其本能欲望、情绪气质、兴趣嗜好和价值观念方面也与常人不同，但没有认知、判断、推理等智能方面的障碍，也没有幻觉妄想，其共同的心理特征是情绪的爆发性、行为的冲动性，对社会和他人很冷酷，缺乏同情心和羞愧之心，目无法纪，或者有别的反常价值观念（如唯恐天下不乱、以害人为乐），不能从挫折和惩罚中吸取教训。

安福乡的副乡长说，张君从小就很霸道，像个霸王，同村的孩子又怕他又崇拜他。据张君的情妇陈乐介绍，张君是一个喜怒无常的人，常因为一件小事对她拳打脚踢；即使是对他的同伙，他也十分冷酷，缺乏半点同情之心——同伙陈世清仅仅犯了一个小错误，张君就逼着他自断一根脚趾，更不谈他对无辜百姓的疯狂杀戮了。张君十五岁的时候，就因为打架斗殴被劳教三年，他不仅没有从中吸取教训，反而在成年后变本加厉，成为众人皆曰可杀的匪首；第一回买到一支枪后竟抱着枪兴奋得一夜未睡，在和平年代好枪如斯，其价值观之反常亦可略见一斑了。所以诊断其为反社会型人格障碍患者，是没有什么疑问的。

反社会型人格障碍患者不一定都会违法犯罪，即使犯罪也不一定都像张君一样残忍。从法律角度来说，这类患者若触犯刑律，应该承担完全责任。也就是说，不能仅仅因为他们有人格障碍而从轻处罚。

张君在被捕之后说，他杀人抢劫是因为贫穷。贫穷是疾病和罪恶的温床。但是，贫穷并不一定导致一个人犯罪，我们见过很多的穷人，他们通过合法的、辛勤的劳动变得富裕，也赢得了他人的尊重。贫穷只有在与恶劣的个人品性相结合的时候才会导致犯罪。

张君一案是个人的恶与人类整体的善的又一次较量。与历史上无数类似的较量一样，这次较量也以前者的失败告终。有人说，在善与恶的斗争中，善在战略上占优势，而恶在战术上占优势。也就是说，恶会赢得小的、暂时的胜利，善会赢得大的、最后的胜利。我们千万不要小看恶在战术上的优势，在我们周围，经常可以见到恶的人或者恶的势力对善良的人的欺辱，这对社会心理的负面影响是巨大的。一个极端的例子是，很多受恶人欺辱的人连报警都不敢，他们对正义和法制的信心实在已经低到了不能再低的程度了。民众对善良和正义的信心是社会稳定最为重要的心理基础，其重要性有时甚至超过政策和法规。信心的恢复不仅依赖于司法部门严格而公正的执法，还需要每一位公民通过维护自身的权益和安全来实现社会的安全与稳定。不要以为罪恶的子弹只射向了那已经死伤的几十个人，如果我们没有防微杜渐的意识，那下一位受害者就可能是你或者我。社会的安全感从来都是建立在每一个人的安全之上的。

我们生活的社会应该建立起一个防范个人极端行为的系统工程。在这一系统工程中，教育的重要性是不可替代的。教育的目的不应该仅仅是传授知识，还应该是培养受教育者良好的心理品质。我们甚至可以说，良好的心理品质比丰富的知识更为重要。良好的心理品质的标志是：全面发展的智力；相对稳定的情绪状态，能够适度地表达和控制自己的情绪，也能够设身处地体察他人的情感反应，对他人的痛苦处境具有同情心；保持良好的人际关系，即使在发生人际冲突时也能够应用理智而不是极端行为来解决冲突；最大限度地发挥自己的才能，以满足个人的基本需要，但前提是不违反社会道德规范和法律法规；有与自己能力相符的生活目标，不好高骛远；能够在一定程度上为他人和社会做出一些牺牲；等等。

优良心理品质的培养必须从小学甚至从幼儿园开始。每一所幼儿园、每一所中小学都应该配备一定数量的心理辅导老师。他们的职责一方面是让孩子们的心理品质得到普遍提高，另一方面是对已经有一些心理问题的孩子实施特殊的心理辅导，以便使他们能够健康成长，将来成为能让自己幸福，也能给予别人快乐的人。我们可以设想一下，如果张君所在的小学有心理辅导老师，如果心理辅导老师对张君的行为进行了正确引导，那么，虽然不能说张君后来百分之百不会杀人，但他杀人的可能性会大大减少。张君在一岁的时候肯定不会想到要杀人，在他十岁的时候大概也不会；他第一次杀人之前，罪恶的种子是在很长的时间里慢慢地长大的。如果人本主义对人性的看法是对的，如果每一个人的人格在开始的时候都是一张没有涂抹任何颜色的白纸，那么在这张白纸上涂任何一种颜色的难度或者容易度都应该是一样的。法律会严惩任何一个给他人造成严重伤害的人，但这样做就够了吗？我们是否还应该想一想，如何才能使中性的、不善不恶的人性变得善而不是变得恶？如何才能避免个人的极端行为对他人和社会造成如此巨大的伤害？

现在，在心理医院看门诊的大、中、小学生越来越多，因心理疾病而休学的大学生也不在少数。这一切都证明，现在是关注公众的，尤其是孩子们的心理问题的时候了——为了公共安全，为了社会稳定，归根结底，为了子孙后代的安宁和幸福。

张君在被捕之后仍不改其恶魔本色，经常狂语惊人。但他也有软弱的时候。他说的最软的一句话，是让一位记者转告给他的儿子的。他说："你们要好好做人，要靠自己的本领吃饭，不要犯法，别人掉在地上的钱都不要去捡。"一个为了钱而杀人的人竟然这样教育儿子，证明他也不是完全不知道自己错了。我们甚至可以肯定地说，他一直都非常清楚地知道他错了，他一直都在做着自己认为错误的事。一个这样的人是不可能有真正坚强的内心的，他的残忍很可能仅仅是为了对抗内心的软弱和焦躁。因为一个人的内心世界可以分为三个部分，即情感、认识和行为，只有三者之间没有太大的冲突时，他才能有一个和谐的、稳定的人格。在张君的人格中，他的认识不同意他的所作所为，由此而产生的冲突显然会严重地影响他的情绪，进而会影响到他整个人格的稳定性。他对他人的暴戾行为，是他对自己不满的外在投射，也是他缓解内在冲突的拙劣方式。向外投射的不满，不可避免地会反射回一些负性的刺激，这会更多地减少他的自我认同，更多地增加他人格的不稳定性和行为的暴力性，由此形成无法逆转的恶性循环。这就是所有作恶者色厉内荏的原因，也是所有善良的人可以勇敢地与作恶者斗争并且最终会赢得胜利的原因。

十种不健康的家庭，十种典型的“界限不清”

健康的家庭分化得好，相互独立，不需要对方也能够活得下去。不健康的家庭，彼此之间的关系没有分化，在象征层面相互吞噬，没有界限。

以下是十种家庭典型的界限不清的情况：

家庭中有一个过度严厉的父亲

中国人常说，严父慈母，这实在是对父亲功能的限制，因为父亲也可以很温柔。

我理想化的父亲是这样一个状态：他与他人有一个非常清晰的边界，但是他也有温柔的一面。

很多父亲，他的人格没有真正成长到一个男人的状态，所以他需要用过度严厉来伪装得像一个男人。实际上，这是在拼命掩盖自己没有长大的那一部分。

大家想象一下，青春期的男孩在他喜欢的女孩面前如何装模作样，你就可以理解已经有了儿女的男人，在孩子们面前那么严肃是在干什么了。

家庭中有一个过分唠叨的妈妈

妈妈对家庭的事过分控制，有可能指责，有可能唠叨，总是对孩子说很多话，她这样实际上是在通过她的嘴巴满足幸福感。简单地说，这个妈妈还停留在“口欲期”。

一个到了妈妈级别的人，很多的攻击和情绪还是通过嘴巴说出来，这就说明她正在用她的嘴巴对她的老公和孩子施虐，这样的现象在很多家庭非常常见。

可以想象，一个家庭，爸爸在装模作样地严肃，妈妈在唠叨，孩子就在那儿备受虐待。

家庭话题被限制

在许多家庭里，最容易被谈起，也最容易掩盖事实真相的，就是孩子的学习。

爸爸妈妈跟孩子之间没有任何的话题，只能够谈学习，这是被不少家庭谈论最多的事。

大家都躲在“学习”后面，感觉比较安全。父母开口谈学习的时候，就是他们掩盖他们内心的恐惧和不安的时候，而他们自己也没有能力处理，所以就将学习这块遮羞布作为挡箭牌。

还有家庭里不能够谈什么，比如说性，这是被高度限定的一个话题。

如果爸妈把自己的内心修通了，就不会因为那么多恐惧而限定孩子。

如果父母在孩子说到某个话题时感到不安，不让孩子讨论，他们就需要先看看自己的那份不安，有可能那里就是自己无意识着急的点，那里有个需要解开的心结。

如果父母在此时能够不断清理自己的结，那么孩子就将获得家族方式的解放，因为这个结，有可能是父母在孩子童年被无意识地植入的。

当然，我们毕竟是社会人，有时会有意识地回避一些问题，这是可以的，但前提是做父母的要清楚，这个限制不是因为自己的某个情绪，而是为了孩子，为了维持家庭之间必要的界限。这就需要两个人或一家人共同约好，以便回避。

过度象征化

现在很多外国人对我们的一个印象是，全世界华人的孩子都在学钢琴。钢琴是一个象征化的代表，我们给它赋予了很多的意义。家长希望靠钢琴来满足自己的一些需要。

另外，学钢琴也隐含着一些攻击性的需要。比如，家长带着孩子去考级，看自己的孩子把别人打败了。

现在的孩子要参加很多艺术及其他类型培训班，这是我们那时候都没有的，反过来想，他们应该羡慕我们，因为我们那时候玩的是更加原始的东西。比如泥巴、棍子或一些小动物。

大家知道，现在的孩子几乎没有机会如此亲近大自然，这也是现在的孩子比较悲哀的一面。

过度象征化会导致虚伪，导致一个人的实际生活能力降低，还会导致过度的情感隔离。

在可以直接对一个人说我爱你时，他不说，反而说，我给你弹一首曲子。

这也可以看到，心与心之间遥远的距离。这里面包含着害怕，害怕跟另一个人亲近。

过度背景化

曾经有一段时间，社会上很流行的一个词是“拼爹”，无论是大学还是中学，抑或是小学。入学前，老师先要调查孩子父母是做什么工作的。孩子们之间谈论的也是，我爹是做什么的，我妈是做什么的。

这种言论的心理动机是什么？一个人的背景把这个人本身给掩盖了，对于父母来说，过度在孩子面前证明自己的社会背景，说明他心里很虚。

父母害怕自己在孩子心中不是一个好父母，所以需要这些背景挡在前面，来隔离孩子跟真实的自己靠近。说到底，就是父母自己心里觉得自己不是好父母，而他们又害怕孩子们看到这一点，所以就努力地编织了一幅宏伟的画卷，来挡住孩子的视线。

很遗憾，孩子天生就是父母的读心器，孩子心中非常清楚，他们的父母在做什么。

每个大人都当过孩子，仔细回味一下，应该不难体会到这点。

只是孩子们很善良，所以他们也就配合父母做了好观众。为了显得逼真，一开始，他们往往会复制父母的言行，在学校或社会上宣传父母的社会背景。代价是，孩子会在这个过程中失去真实的自我价值，因为在虚假中待得太久了，就会忘记原本的真实。

同时，在学校和社会中，老师和某些同学会迎合这种行为，被华丽的背景所吸引，而忽视真实的他是一个什么样的人，他的内在潜能和特点是什么。

在表面上的社会迎合和赞叹下，孩子就会离真实的自己越来越远，回应式地以父母的背景为荣为傲。

有时，家庭背景也会成为另一些家庭发展自卑的土壤。

孩子们在父母过度的遮掩中，能够听到父母心中认为自己不好的声音。善良的孩子也会呼应父母的心声，将自卑的种子种在自己心里，在学校羞于谈及父母。

学校里有时会发生欺辱的事件，被欺辱的人通常怀有一种羞愧感。而这种羞愧，是一种在人群中非常引人注目的受攻击的标靶，它弥散着一种信息，解码出来就是，我是一个不够好的人，不值得别人尊重。

周围的孩子敏锐地捕捉到了这个信息，就回应式地来欺负他，让他重复体验“我不够好”的感觉，从而加深这样一种畸形的心理。

这样的孩子以后在社会上常常不会平凡，要么成人后愤怒地争取更大的社会背景，或者破坏社会背景（极端的例子是恐怖分子）；要么自怨自艾，吸取周围人的能量，无意识地制造出很多事件，将身边的人卷入悲伤的大海，或者带入愤怒的火山。所以，他身边的人常常会被动地产生一种无能感，就如他当年用父母的背景来压低自己，不让真实的自己得到发育。

一些家庭中会弥漫着中药的味道，父母觉得孩子永远需要吃药，比如吃一些维生素之类的，这就暗示着孩子——你有病。

还有就是，家庭里的某人有一种严重的躯体疾病，比如高血压、牛皮癣、眩晕症、偏头痛，而其实他本身是没有器质性病变的。这种情况，往往揭示这个家庭有被掩盖的问题，要么是跟上一代有关，要么是跟下一代有关，而这个人有很敏锐的感觉，他发现了，但在很真实地表现出来时被集体指责，所以，他往往悲哀地选择牺牲自己来维系家庭的表面平衡。

我想呼唤每个家庭成员承担起本应自己承担的责任，用心去感受备受指责的人，感受他们的内心世界，借由他们的勇敢来看看自己可能回避的问题。这些问题里面往往是被压抑的真实自我，有的时候，人们很恐惧看到这一点，这常常涉及一个人的自我价值感和自尊，涉及一个人是真实的强大还是虚张声势的强大。

过度工作化

我见过很多的家庭，父母都在拼命地工作，把孩子忽略了。

父母为什么要拼命地工作呢？

家庭是一个少讲理、多用情的地方，是一个很容易接近真实自我的地方。如果家长有很多时间在家，他就没有办法控制自己，容易在家庭情感里显出自己的脆弱。

所以，在外面跟别人玩，要安全得多。

很多孩子被父母过度勤奋地工作给毁了，孩子被极大地忽略了。这样的父母对国家、民族的确做了很大的贡献，但实在亏欠伴侣和孩子太多了。

限制孩子的某一个兴趣特长

比如说有的孩子人际关系好，但是学习一塌糊涂。这是孩子想用成绩不好的方式来跟父母进行病理性的连接，意思是告诉父母，如果我有缺陷的话，你就可以乘虚而入靠近我。

这就是家庭成员之间没有界限的表现。

简单地说，孩子如果有某项能力上的缺憾，就说明父母离他过近，是父母的攻击性行为把孩子给无能化了。

母亲强势

这种情况在很多家庭中也比较常见。

比如说，爸爸在家庭中一直处于一种弱势的状态，而妈妈掌握了这个家庭过多的权力。

这种情形一方面源于性别的认同感；另一方面，是在防止父亲在这个家庭中失控。

爸爸的攻击性和侵略性要强一些，而妈妈呢，就算再凶悍，也是具有母性的，所以她对家庭的伤害就会少很多。

隔代卷入

一个没有分化好的男人跟一个没有分化好的女人结婚，然后有了一个孩子，这个家庭里就有可能出现一种很黏糊的关系。

因为他们怕这种黏糊的关系带来的错乱，所以他们有意无意地邀请孩子的爷爷奶奶或者外公外婆进入家庭，这就是关系入侵。

这样就稀释了家庭中父母跟孩子的关系，这也是一些家庭的典型特征，三代人像一锅粥那样煮着。

有一次，我问了刘丹博士一个问题，我问能不能用一句话说明结构式家庭治疗和系统式家庭治疗有什么区别。

刘丹说，结构式家庭治疗非常强调夫妻是一个家庭的核心轴，不管怎么样，都要把这个轴守稳、守清楚，只要这个轴在，这个家庭的根基就没有问题。

在很多家庭里，父母将这个轴的权力拱手出让给了孩子的爷爷奶奶或外公外婆，这样就可能导致孩子出现很多的内心冲突。

解决家庭问题的一个核心就是：巩固夫妻联盟，一起抵御

“外敌”。如果能从这个角度来做，一个家庭一般不会出太大的问题。

我知道这样说会引起很多人的反感，因为很多老人退休后将全部心思都花在了隔代人身上，如果我把他们这样做的不良后果说破，估计我会跟很多人形成不共戴天的关系。但是想一想，为了下一代的健康成长，我觉得还是值得的。

功利化的关系

无条件的爱是：我爱你，不是因为你拥有了什么，而是因为你是你。

功利化的爱是：你必须会弹钢琴我才爱你，或者说，你必须在社会上取得很多成就我才爱你。

这种有条件的爱反映在亲情里，尤其悲哀。

如果家庭中的血缘之爱、亲情之爱被加入了这些功利性的东西，不知道生活还有什么意思。

笼统地说，我对某个人功利性的爱、有条件的爱，是为了隔离我对他无条件的爱。

人格没有成长好的人，在原生家庭没有分化好的人，这种无条件的爱会让他觉得恐慌，会让他觉得失去了自己，所以，他需要用有条件的、可以外化的方式，来隔离跟另一个人亲密的关系。

分化好的家庭和分化不好的家庭有什么区别？

举个例子，你住在集体宿舍里，你在深夜两点钟时突然想放肆地唱一首歌，结果是你快乐的程度跟别人痛苦的程度成了正比。也就是说，你有多快乐，别人就有多痛苦。在没有分化的关系中，某一个人的快乐，就是另一个人的噩梦。

如果你住的是一个独立的房间，房间的隔音效果还比较好，你晚上想唱什么就唱什么，你快乐的程度对他人没有什么影响。这就喻指分化得比较好。

在家庭的关系中，如果爸爸妈妈在人格上有依赖，没有分化好，不具有独立的能力，孩子的离开就注定会损害父母的利益，所以这类家庭养育的孩子往往就会有各种各样的身心疾病，最严重的就是精神分裂症，因为精神分裂症永远都无法走出家庭。

我相信，好的状态是相忘于江湖。

后叙一：重要的不是教的内容

九岁那年夏天。

曾老师骑着自行车带我去他讲课的地方玩。

这个人就是以往十八年教我心理学最多的人。

最开始没进去听课。在外面玩、写作业、发呆、睡觉，感觉有点无聊，曾老师便让我进教室听他的课。我很乖地没有捣乱，坐在过道上认真听讲。

有几个阿姨很友爱地给我花生米吃，曾老师表示他的自恋心受到了打击，学生看见他女儿之后都不听课了。

曾老师的技能之一是把复杂的理论用很多例子说清楚。清楚到什么程度呢？当时我三年级，三年级的小朋友都可以理解他讲的专业名词。

九岁的小孩子学习自己的母语，还处在通过语境中的大量输入与输出记忆词汇和表达的阶段。我从这个时候开始便经常和父母及他们的同事一起吃饭了。

他们比较敬业，吃饭的时候会讨论很多工作上的问题，我在一旁听着，以为这个是所有人的日常对话。所以对于我来说，有些东西不是专业名词，而是我日常生活的一部分，只是比苹果、梨子难的词罢了。

但是毕竟没有受过专业训练，读的相关专业书籍也比较少，所以对很多东西都只是了解了一个大概，直到现在都是这个样子。

十岁，于北京白鹭园，曾老师开始给我一对一地讲心理学。

曾老师给我讲的第一个名词是防御。曾老师说礼貌是一种防御，我听着曾老师活泼可爱的讲解，理解了防御是个啥。过了一段时间，曾老师开始给我讲更细致的专业名词，比如投射和移情。有的时候我会和曾老师聊四五个小时的天，聊的貌似都是心理学知识，但是我就不付费，嘿嘿。

十三岁那年夏天是我跟曾老师“闯荡江湖”的最后一个夏天，生活貌似达到了一个小高潮。

那段时间，曾老师表示精神分析初级班的内容他讲了无数遍，要讲吐了，不想干了，于是开始拍基本概念的视频。我听了这个课程的现场录制，学习了一下这么多年都没有学的基本概念，顺便参与了拍摄，跟着“奇峰叔叔”一起讲了四个专业名词。大概是因为参与了拍摄，有时跟曾老师出去玩，遇见的人就告诉我他看了我参与拍摄的视频。那种感觉很奇妙，有点自豪，但是又觉得“此人看了我的黑历史，不行，要找机会把他灭口”。

还有一个经历是2017年（十七岁）3月去杭州参加奥托·科恩伯格（Otto F. Kernberg）老师的课程。他讲的很多内容我都是听过的。就算是没听过的，理解起来也相当轻松。这得益于我之前跟曾老师和我妈讨论心理学的经历。

其实最好玩的事情不是听课，而是“奇峰叔叔”遇见“老肯”（奥托·科恩伯格）仿佛遇到了爹的表现，学“老肯”大佬一般的剔牙姿势和喝酒的表情，模仿之后笑得仿佛一个比我还小的年轻人，五官缩到一起，眼睛都看不见了，我第一次看见这么儿童化的曾老师，于是开始在心里默默崇拜“老肯”，心想啥时候还要见他一次，取取经。

可以引以为傲的经历还是很多的。有的时候有人会莫名崇拜我对事情的理解力与实际年龄不符，意思是“夸”我比较成熟。我觉得事实并非如此。因为接触心理学太早，我最开始学的就是心理学原理的部分，经常会忽略自己作为人所必需的套路和常识。比如说和曾老师一起拍摄视频课程的时候，我因为长得比较丑、头发短、不会打扮、不懂得人情世故，所以看起来比同龄人小。

没有常识的那段时间过得很痛苦。初三的时候，学习压力和人际关系方面的压力使我经常胃疼。我经常想，要是没有人教我这么多心理学就好了。每当思考人际关系原理的时候，我整个人会变得不协调。十几个人在我心中吵架、打架，对我说过话的人，他们的言谈举止在我脑海中挥之不去。我做一件事情或者说了什么话，那十几个人就在我的脑袋里给我提各种建议，有的开始损我，有的会否定我的存在价值。那十几个人在现实中都是有原型的，我允许他们控制我自己，事实上也一直有控制我的人。

曾老师是个忧国忧民的人。每天都会觉得身边的谁谁谁有病、不幸福，大家都应该像他或者他认可的人那样活着，一起撸串、喝酒、吃小龙虾。要是有个人每天都吃很多蔬菜水果，不吃重油的东西，他就会说这个人活得一点都不嚣张、不放肆，这样不幸福，并且也对我啰唆：要吃得豪放一点，不要过于在意健康。

我最开始非常认可他的这种想法，再加上动作、神态和他一模一样，老被人说“你跟你爹长得真像”。有一段时间我以此为荣，但这不是好事情。偶尔被他啰唆的时候，我如果顺着他的想法说下去，他会很开心。所以有一段时间我很在乎自己能不能被他认可，不太能毫无阻碍地做自己。如果我的想法对于他来说是不正确的，他会一脸遗憾地告诉我这么做不好，会遭报应。同样的话他说了无数次，让我有了反抗心理，同时那些话深刻地留在我的心里，成为在我脑袋里吵架的十几个人之一。

有一段时间我憎恨精神分析，就是因为曾老师一有机会就会告诉我心理学是世界上最高级的东西。（现在我觉得，一个沉浸在自己价值观里的人是幸福的，因为他纯粹、没有人打扰。去打扰别人的自娱自乐是不善良的行为。不过曾老师每天也沉浸在要拯救全世界苦难人民的想法中，我还是不要去打扰他了。）

其实现在还心有余悸。青春期时心理学对我的影响太大，我到现在都可以感受到它的张力。但是绝大部分时候觉得过去的事情已经不算什么了，它们都是我重要的经历。只是想起它们的时候，眼泪会忍不住要掉下来，想给过去的自己一点力量。

我要感谢我的男朋友对我的支持，是他帮助了我，并辅助我成为一个人格独立的人。他不是业内人士，最开始对心理学是没有什么了解的。我希望有机会能告诉他一点心理学，用来强身健体、延年益寿，但是讲多了不行，因为我怕他正式开始学之后其他人就没饭吃了。

我是到了高三才渐渐找回作为一个人所需要的常识的。比如说在微信聊天里和人斗图，这是交流的一种，看起来没有什么营养，实际上这是一种相当好的交流方式。还有“么么哒”“谢谢小姐姐”“晚安啦”这些现在大家都在用的说话方式，以及有的时候在朋友圈里发和自己不是太熟的人的合影，这可以让对方知道此人的交流方式是比较按套路出牌的，看起来比较没有危险，所以可以接近此人。再高级一点的交流象征化程度比较高，比较有文化、比较艺术，比如说一起唱歌、一起跳舞、一起吟诗。

留学之后，曾老师教给我的心理学终于开始起了作用。高度独立的留学环境作为催化剂，把我过去九年学到的心理学变成了我的堡垒、我的工具、我的药柜。我用心理学自卫，保护自己不受他人的毒气之害，让自己保持稳定而平衡的状态；我以心理学的概念为工具和人交流，结果是现在和人打交道还不错，出了啥问题，自己打开药柜给自己配药，生活中绝大多数问题都可以解决。

可是，只是拥有解决问题和隔离“毒气”的能力，我是无法幸福的。

有的人会感叹曾老师给了我一个多么大的礼物，我应该多想想他带给我的好的方面，或者说要我感谢他。曾老师有句名言：姑娘，你不要感谢我，这些都是爸爸该做的。我当然承认曾老师是对我影响最大的人之一，毕竟这人是我爹。我当然承认他教给我的心理学给了我很大的帮助，我也必须承认他教给我的东西也给了我一些麻烦，不过这些都过去了，不是什么事情。任何事情都有主观上的利弊，这些可以说一说，讨论还是算了。

我很佩服曾老师的是他一直凭借一种“小龙虾好好吃，姑娘你快一起跟我来吃”的心态来教我心理学，这就很好。为什么说很好呢？因为这种做法里面带有感情，那就是“姑娘，我爱你”。不是打着“爱”的旗号做一些伤害孩子的事情，而是有进有退、有张有弛的爱。以这种健康的爱为基础，教什么内容都是次要的。

我的妈妈在情感方面做得更好，举几个其他例子就知道她多有爱心：能听出家里五只猫的脚步声的细微差别；平时老靠直觉猜每只猫的举动是不是在求抱抱，一猜一个准；顺便把我们家一只小猫的抑郁症治好了，现在变得和人的关系特别好，眼神变得温柔得要出水，它经常在旁边看我和我妈聊天，我觉得它听得懂我们的话。

和曾老师一样忧国忧民的我突然想到，之前有几位兄弟看到了我的例子之后开始想教他们的孩子心理学，效仿曾老师的做法。我也听说过有个十岁出头的小男生满嘴心理学。让孩子从小受外力影响去学一个对他的年龄来说超纲的内容都是来自家长的恶趣味。满嘴心理学的孩子，或者范围再大一点，满嘴心理学的人不好玩。

我觉得自己有段时间过得还是挺辛苦的，抵抗那些不属于我的年龄的东西耗费了我很多精力，仔细想想这不太划算，任何学科的专业知识还是等我有了更丰富的知识储备之后再学比较好。

在什么年龄做什么年龄应该做的事情。专业知识随便去个大学或者找老师都能学，开心的小学、初中、高中只有一次，没了就是没了，再后悔莫及也不能把那些时间夺回来，所以说不如好好享受当下。

我不否认提前学了点心理学的好处，这篇杂乱无章的文章只是记录我、心理学和曾老师的关系，重要的是关系，不是教的内容。

我身边有位D老师每天带着我和她女儿玩。D老师的治疗做得很好，很聪明的人。她不教她女儿和我心理学，她们的母女关系还是很和谐的，姑娘甚至把她妈带着去见网友，网友表示“你妈真的很好玩”。姑娘也很优秀。不是说学校的成绩，而是作为一个人是可以受到尊重的。我觉得这个样子就很好，跟自家宝宝一起去卡拉OK唱“鬼畜”的歌，对着尴尬的电视剧一集翻一个白眼，“开黑”打飞行器或组成母女“欺诈团”坑别人，说学校老师的坏话，模仿自己家的外婆骂人，等等。

好玩的事情太多了，心理学算什么！

后叙二：爸爸可以是老师，但不可以替代老师

曾奇峰简评《摔跤吧！爸爸》

以下看法都基于一个确定的立场：爸爸想改变女儿在特定社会环境下的命运，这无可厚非。还需要铺垫一下：阿米尔·汗的另外两部电影，《我的个神啊》和《地球上的星星》都是无与伦比的杰作。

一、严肃的爸爸是坏爸爸，因为他在内心深处跟女儿的界限不清。严肃是对爱、亲密和快乐的防御。严肃还可能是智力障碍的一种表现形式：在幻想层面以情绪上的收缩来弥补智力的不足。

二、爸爸可以是老师，但不可以替代老师。仅仅以老师的身份跟女儿打交道，是因为他没有能力以其他身份处在这样的关系中。这是典型的角色僵硬、人格缺乏灵活性的表现。

三、父亲需要把教育女儿的接力棒交给他人，所以把教练塑造成坏人是败笔，这激化了女儿的俄狄浦斯冲突。这也是在以女儿的成长为代价，平息爸爸被抛弃的焦虑。

四、爸爸的理想，不必是女儿的理想。

五、打败对手和幸福生活不是一回事儿，虽然在极端情况下是一回事儿。比如男人的战争，比如女人的摔跤。但愿吉塔的女儿，不必身处这种环境。

六、夫妻必须分权。任何一方的独断专行，都会制造灾难。这部电影用一次比赛的成功，掩盖了灾难。这个灾难可能跨越几代人才会表现出来。

后叙三：曾奇峰精神分析魔鬼辞典

• 学精神分析不要用脑子而要用身体。

• 精神分析是人格理论、是探索工具、是治疗方法。

• 心理治疗不是治疗一个人，而是治疗一个家族链。

• 每一个孩子都是父母天然的心理治疗师。

• 逆反心理是父母亲的问题而非孩子的问题。

• 催眠是给治疗者以暗示，精神分析是挖掘潜意识的东西。

• 精神分析是研究关系的学问，研究的对象是爱恨情仇，如果说它不是科学，那么它一定高于科学。

• 精神分析揭示了父母与子女间相互残杀的关系。

• 一个人的现实人际关系是他的内心世界向外投射的结果，而他的内心世界又是早年的时候在与其父母亲的关系中形成的。

• 人在六岁之前形成人格，六岁之后的经历是六岁前的强迫性重复。

• 移情就是一个人把他早年与父母亲的关系转移到与咨询师的关系上来。

• 享受自由的代价是忍受孤独。

• 永远不分析别人，只说自己的感觉。

• 越是本能的越可靠。

• 我们对一个人的态度、看法、情感和行为，部分是被这个人教会的。

• 一个人早年的时候被不喜欢，就在后来勾引别人不喜欢。

• 父母对孩子越不好，孩子就越离不开父母。

• 移情是过去的重复，是时间上的错误。

• 在一切疾病的发生与发展过程中，心理起了很大作用：

①胃溃疡可能是内心有孤独和依赖的冲突，是“吃不消了”；

②晕车船可能是因为控制性过高；

③哮喘可能是内心孤独和依赖的严重冲突；

④鼻炎可能是家庭控制太强；

⑤乳腺癌可能是因为与妈妈关系不好，是对妈妈的报复。

• 回避自己的很多想法，可能是成病的原因。

• 解释无所谓对和错，只要能整合病人的经验就是对的。

• 心理治疗是一种人造的非自然的关系。

• 说出对病人的诊断就是对病人进行贴标签或暗示。

• 一切心理问题都是关系的问题。

• 性的需要是追求快乐和繁殖，攻击的需要是证明比别人优秀，这是内驱力理论的两个基本点。

• 人活着就是为了寻求。

• 一切心理障碍都是关系的障碍。

• 每个人都倾向于活在过去，精神分析是要人们活在当下。

• 人一生都是超我和本我的斗争。

• 健康的人是在现实层面能够满足自己欲望的人。

• 总是让自己不平衡就容易让自己生病。

• 欲望得不到宣泄叫憋着，应该有的欲望而没有叫压抑。

• 男孩学习成绩永远倒数第一是攻击性压抑。

• 男人一辈子的任务就是把攻击性象征化。

• 过度上网是现实层面的攻击性被压抑的结果。

• 每个人在成长过程中，都发展出了一整套保护自己的措施，这些措施构成自我防御机制。

• 心理咨询师治疗的目的是帮助病人把保护自己的措施变得成熟而坚固。

• 了解一个人就要看他是如何保护自己的。

• 一切影响治疗关系的言行都叫阻抗。

• 好的精神分析师必须具备保持沉默的能力，坚决不先说第一句话。

• 要不顾一切地保护病人的面子，让他优雅地改变。

• 慢，语言才有渗透力。

• 在快节奏的社会里提供慢节奏的享受似乎很奢侈。

• 人必须一定限度生活在自己投射的世界里，太多会造成冲突，太少就活不下去。

• 安全感从来不是来自外面的，而是来自自己内心的。

• 禁欲是拒绝快乐，是对愉快的否认，以此来享受道德上的优越感。

• 强调孩子的学习是害怕自己被抛弃。

•“大人不记小人过”是用理性代替情感，是理智化防御。

•“挂羊头卖狗肉”是反向形成的防御机制。

• 洁癖的本质是喜欢脏东西。

• 一切过度的情感都是反向形成的，有外遇的丈夫会突然对妻子好。

• 转移防御就是把攻击性转移到安全方面；抑制防御就是为避免焦虑而缩小活动范围；合理化防御就是为错误找个理由；被动攻击防御一般是用自己生病来惩罚别人。

• 孩子撒谎一定是父母给孩子制造了一个不撒谎活不下去的理由。

• 否认是人们常用的防御机制。现实明确存在着对本质的否认：用行为象征性地说“那个肮脏的现实不是真的”是行为中的否认；坚守不正确的信念，不去看不愿意看到的现实是幻想中的否认；使用特殊的词语让自己相信现实是虚假的是语言中的否认。

• 过度夸张是在掩盖内心的平淡。

• 女人是比男人进化更好的动物，是因为女人一生要完成两次认同。

•男女吵架是有性别认同障碍的。

•恋爱的状态是典型的边界不清楚。

•想念一个人想得抑郁了就是爱，没有抑郁只是喜欢。

•以不喜欢的方式喜欢是反向认同。

•抑郁症是攻击性的逆转。

•分裂是在同一时间只能看到好或坏。

•分离是把自己的意识分为可控制的多个部分。

•见诸行动就是用行动表达内心的不安。一切反社会行为都是内心冲突见诸行动的行为。

•“没有你我就活不下去”是依赖投射认同，诱导出来的情绪是同情；“没有我你就活不下去”是权力投射认同，诱导出来的情绪是无能和无力感；“只有我才能让你满足”是性欲投射认同，诱导出来的是兴奋。

•父母的权力投射：“我不说你，你就不知道学习。”

•孩子在某些能力上的欠缺都是被父母扼杀的结果。

•在与他人的关系中，你感觉到不得不做自己不愿意做的事情时，就进入了投射性认同中。

•放过别人就是放过自己。

•一个人的成长过程就是不断被暗示的过程。

•升华是唯一成熟的防御机制。自我协调了超我与本我的关系并与现实相和谐。

•咨询师是偷窥欲的升华。

• 自私是一种疾病，过度利他也是心理障碍。

• 幽默是冲突的润滑剂。

• 防御机制的强度，约等于人格的强度。

• 严重人格障碍和精神分裂症一般是口欲期的问题；机械、固执、呆板等人格障碍一般是肛欲期的问题；一切神经症问题都是俄狄浦斯期的问题。

• 亢龙有悔——说明成功者的内疚感。

• 俄狄浦斯情结是我们现在已经遗忘的、针对我们一生中第一个女人的全部心理活动，这些心理活动会以我们不知道的方式影响我们的一生。

• 俄狄浦斯情结的引申含义是，一个人渴望成功和惧怕成功后的惩罚的冲突。每一个正常人都不同程度存在这种情结。

• 考试焦虑症是典型的俄狄浦斯冲突，处女情结是俄狄浦斯情结。

• 尊重说明了距离感。

• 忘记自己是咨询师会使病人减少防备。

• 老人有时通过疾病来控制别人。

• 凡是抱怨太多的人都是没有长大的人。

• 遇到阻抗就绕开。

• 精神分析不谈遗传，因为遗传是精神分析师解决不了的问题，况且提及遗传相当于说人家家族不好。

• 对精神生活的六点忠告：

①这个世界，他人，还有我们自己，总有一些东西是我们

未知的。

②我们内在精神生活的质量，决定着我们一生的成就和幸福。

③我们对他人的态度是自己对自己态度的投射。

④只有保持了恰当的人际距离，才能够拥有和享受高质量的人际关系。没有人愿意成为一个孤岛，也没有人愿意成为被人群淹没的一员。

⑤培养细腻的情感，任何简单的情感都可能会是针对自己和他人的暴力。

⑥活在当下。在时间的坐标上，没有过去，也没有将来。好好地活在当下，既可以修复过去，也可以创造美好的将来。

• 对精神分析学派治疗取向的简短评论：

①是第一个科学的心理治疗理论和技术体系。

②是理解人性的基础，也是一切心理咨询与心理治疗的基础。

③是到目前为止，人类发现的探索自己内心世界的最好的工具。

④是德国保险公司付费的心理治疗项目之一（另一个是行为主义治疗）。

• 潜意识——犯错误以后的最后借口、文化的创造者，同时又是文化的敌人。

• 移情——人类唯一的情感，因为人类的一切情感均可以归结为它。

- 防御机制——新的战争理论，主要是关于核潜艇战役的意义、目的和方法。
- 童年经历——你曾经住过的旅馆和吃过的菜，那些旅馆的服务质量和菜的口味决定了你现在愿意去哪些地方和不愿意去哪些地方。
- 阻抗——全盘接受对你的诬陷是你唯一的选择。
- 梦——另一种精神胜利法，其数量与做梦者白天对自己的忠诚度成反比。
- 精神科诊断标准——顺我者昌，逆我者有病。
- 神经症——聪明人的自娱自乐。
- 自由联想——混淆黑白以及使风马牛相及的一种方法。
- 患者中心疗法——让你不好意思再病下去。
- 行为治疗——看你还敢不敢病！
- 系统式家庭治疗——天下大乱，然后天下大治；趁打群架浑水摸鱼；在运动中消灭敌人。
- 精神分析理论——人的一切问题都是因为人是从零岁活到八十岁而不是从八十岁活到零岁。
- 认知治疗——本来是阿 Q 发明的，却被别人申请了专利。
- 精神科医生——极有可能是预言别人会飞黄腾达而自己却穷困潦倒的街头算命者。
- 个性——总是犯同样的错误，直到别人不再认为那是错误的一种境界。或者：总是犯同样的错误，以吸引别人的注意力和让别人记住自己的一种手段。

• 心理学领域的统计学方法——现代巫术的一种，其最高目标是把人变成文昌鱼。文昌鱼的数量较少，物以稀为贵，所以我们不必怀疑这些现代巫师保护珍稀动物和建立全新产业的良苦用心。

• 个案报告——把人变成人的努力，但遭到了人的嘲笑。

• 心理健康的标准——同流合污能力。

• 电话心理咨询——在硬件设施上与御医给后宫妃子把脉类似，软件用的是最新的“IE 浏览器”，只是不知道“带宽”够不够。